现代工业固体废物处理与高效综合利用研究

张效刚　洪鸿加　林仰璇　著

U0345998

吉林科学技术出版社

图书在版编目（CIP）数据

现代工业固体废物处理与高效综合利用研究 / 张效
刚，洪鸿加，林仰璇著. -- 长春：吉林科学技术出版社，
2023.8
ISBN 978-7-5744-0951-4

Ⅰ．①现… Ⅱ．①张… ②洪… ③林… Ⅲ．①工业固
体废物－固体废物处理②工业固体废物－固体废物利用
Ⅳ．①X705

中国国家版本馆CIP数据核字(2023)第200710号

现代工业固体废物处理与高效综合利用研究

著	张效刚　洪鸿加　林仰璇
出 版 人	宛　霞
责任编辑	靳雅帅
封面设计	王　哲
制　　版	北京星月纬图文化传播有限责任公司
幅面尺寸	185mm×260mm
开　　本	16
字　　数	223 千字
印　　张	13.25
印　　数	1–1500 册
版　　次	2023年8月第1版
印　　次	2024年2月第1次印刷

出　　版	吉林科学技术出版社
发　　行	吉林科学技术出版社
地　　址	长春市福祉大路5788号
邮　　编	130118
发行部电话/传真	0431-81629529 81629530 81629531
	81629532 81629533 81629534
储运部电话	0431-86059116
编辑部电话	0431-81629518
印　　刷	三河市嵩川印刷有限公司

书　　号	ISBN 978-7-5744-0951-4
定　　价	81.00元

作者简介

张效刚，男，本科毕业于吉林工业大学，曾任广州市环境监测中心站副站长、广州市固体废物管理中心主任、广州广检科学研究院院长职位。2020年9月调任广州环保投资集团有限公司，任职集团公司副总工程师、土修建废部总经理、下属二级子公司广州环投环境服务公司书记、总经理职位。

洪鸿加，本科毕业于中山大学环境科学与工程学院，硕士毕业于湖南农业大学。2011年6月至2018年5月，就职于环境保护部华南环境科学研究所；2018年6月至今，就职于广东省环境保护产业协会，高级工程师。现为广州大学资源与环境专业学位硕士研究生指导教师、广东省固体废物环境管理专家库专家、广东省建设用地土壤污染防治专家库专家、广东省环境技术中心生态环境专项资金项目评审专家和广州市重大事项社会稳定风险评估专家。

林仰璇，本科毕业于中山大学环境科学与工程学院，2009年进入广东省固体废物与化学品环境中心工作，2018年8月调至广东省环境保护产业协会，任职广东省中环协节能环保产业研究院，从事固体废物环境管理与咨询工作，现任研究院固废咨询部部长，高级工程师。

前　言

随着全球人口和工业生产的不断增长，产生的固体废物数量也在不断增加，这不仅对环境造成了恶劣影响，还导致了资源的严重浪费。为了减少环境污染、节约有限资源，以及推动可持续发展，现代工业领域急需深入研究固体废物处理与高效综合利用的方法和技术——工业固体废物处理与高效综合利用已成为当前环境保护和可持续发展领域的热点问题。研究如何有效处理和利用工业固体废物，实现资源的可循环利用和环境的可持续发展，具有重要的理论和实践意义。

鉴于此，本书以"现代工业固体废物处理与高效综合利用研究"为选题，首先分析固体废物的定义及分类、工业固体废物的特性、工业固体废物的环境影响；其次从工业固体废物的预处理、工业固体废物的热化学处理、工业固体废物的生物处理、工业固体废物的填埋处置四个方面探讨现代工业固体废物处理；最后围绕工业固体废物的回收和利用、各个领域的工业固体废物的回收和利用、工业固体废物的资源化技术进行研究。

本书结构合理、层次分明、逻辑清楚、内容充实，涵盖了现代工业领域中各种类型的固体废物处理和高效综合利用，不仅关注了不同工业部门产生的废物，还深入研究了多种废物处理技术和资源回收方法，从而为读者提供了广泛的视角和全面的知识。本书既有较强的学术性，又有一定的实用性，可为相关研究人员提供参考，具有一定的出版意义。

笔者在写作本书的过程中，得到了众多专家学者的帮助和指导，在此表示诚挚的谢意。由于笔者自身水平有限，虽然查阅无数资料，并经过多次修改与校验，但书中所涉及的内容难免有疏漏之处，希望各位读者批评指正，使本书更加完善。

目　录

第一章　现代工业固体废物概论

第一节　固体废物的定义及分类

一、固体废物的定义

人类在维持其生存和发展的活动中会产生和排出大量无法继续利用的物质，这些排出物质中包括各种形态的物质，其中产生量最大的是废水和废气。所以，人类在对环境污染的最初认识是从废水和废气开始的。但是随着人类物质文明的发展，固体废物的污染问题也成为环境保护的重点问题之一。

固体废物一般是指在生产、生活和其他活动中产生的丧失原有利用价值或者虽未丧失利用价值但被抛弃或者放弃的固态、半固态和置于容器中的气态的物品、物质以及法律、行政法规规定纳入固体废物管理的物品、物质。固体废物的定义包括两层含义：一是"废"，即这些物质已经失去了原有的使用价值，如废汽车、废塑料和绝大部分生活垃圾；或者在其产生的过程中就没有明确的生产目的和使用功能，是某种产品在生产过程中产生的副产物，如粉煤灰、水处理污泥等大部分工业废物；二是"弃"，即这些物质是被其持有人所丢弃，也就是其持有人已经不能或者不愿利用其原有的使用价值。

所谓固体废物的"废物"属性是主观属性，不是自然属性。在某些人眼中是废物的物质在另一些人眼中可能就是资源；在这里是"废物"的物质在另外地方就可能具有很大的利用价值；在今天是废物，明天也许就是资源。所以废物具有很强的空间和时间属性。但是由于经济、技术的原因，我们今天还不能将所有的固体废物都加以利用。这就涉及固体废物的另一个属性，即"资源属性"。废物的资源属性是废物的自然属性，任何废物都有可能作为资源加以利用，但是必须考虑到其经济性和可行性。如果为了利用某种废物而消耗更多的能源和资源或产生更大的污染，那么，这种利用就丧失了其应有的功能。由于固体废物具有以上属性，相应废物的鉴别就存在难点。

第一，将"废"和"旧"区分开来。有些物品在某些人手里丧失了使用价值，但是其使用功能还存在，换到另外一些人手里还能继续使用；有些物品的某些功能丧失了，但是经过修整还可以继续发挥其全部或者部分功能。这个时候这些物质还不是真正的废物，实际是"旧货"。继续利用报废物品的原有价值或者残余价值既可以减少废物的产生，降低固体废物对环境的污染，又可以减少资源的消耗，增加社会的财富，是固体废物管理的主要原则之一。因此"废物"和"旧货"之间没有明确的界限，需要根据具体情况分析进行区分。

第二，将"废物"与"原料"区分开来。当废物彻底丧失了原有的使用价值后，往往还可以用作某种材料或产品的生产原料。最常见的如废钢回炉炼钢、废塑料重新造粒或者用于炼油、废纸用于制浆造纸，以及用钒铁矿炼铁渣提炼钒、用粉煤灰作为水泥生产原料等。利用废物作为生产原料有两种形式：一种是将废物返回到同种材料的生产线中，替代初级原料进行这种材料的生产，如废钢炼钢、废纸造纸。这种将废物直接作为原料进行生产与替代的初级原料进行生产相比，具有节约能源、资源，减少环境污染的优越性。因此，在这一方面，这些废物已经基本不具有废物的属性，而成为优质的生产原料。另一种是利用废物生产另外的产品，如用废塑料炼油、用污泥制砖等。废物的这一种利用形式比较复杂，需要具体情况具体分析。这种利用形式既有可能节约资源、减少污染，也有可能造成资源、能源的浪费，产生新的污染，所以需要采取必要的措施进行控制。而这种情况下的废物鉴别原则可以采用"污染比较原则"，即与所替代的原料相比这种废物是否含有新的污染物质；或者用废物作为原料的生产工艺与所替代的原料相比，是否产生新的污染或者更大的污染强度。

二、固体废物的分类

固体废物有着各种不同形式的分类，依据其产生来源可分为工业固体废物和生活垃圾；根据其危害特性可分为一般固体废物和危险废物；根据其形态可分为固态半固态废物、液态废物和气态废物；根据其成分可分为有机废物和无机废物等。按照其产生来源，固体废物一般分为工业固体废物和生活垃圾。但是，这种分类有其明显的局限性。首先，在这种废物分类中没有包括农业废物；其次，在这种废物分类中形成了相当大的居民生活中产生的固体废物管理空白。一般将固体废物分为两类，即产业废物和市政废物（或称一般废物）。其中，产业废物包括农业和农产品加工业产生的废物，但不包括服务业产生的废物；而市政废物（一般废物）则包括所有产业废物之外的固体废物，包括居民生活和为居民生活服务的第三产业产生的固体废物以及在工业企业中产生的生活垃圾。这样分类就比较全面地覆盖了固体废物的所有种类。

"随着人类社会文明的进步、科学技术和生产力的迅速发展、人民生活水平的不断提高，固体废物的种类及其产生量日益剧增，固体废物污染问题日趋严重"[①]。在固体废物中有一类废物需要特别加以重视，即危险废物。危险废物是固体废物中具有感染性、腐蚀性、反应性、易燃性和各种毒性等危险特性的一部分，既存在于工业固体废物中，也存在于生活垃圾和社会源固体废物（如废电器、废汽车、废电池、医疗废物）中。危险废物所具有的危害性和对环境的威胁是最重的，是固体废物管理的重点。危险废物的分类（鉴别）是危险废物管理的关键。一般危险废物的鉴别是根据名录和鉴别标准进行的。我国针对危险废物管理也实施了一系列严格的管理制度，如危险废物经营许可证制度、危险废物转移联单制度。另外还有一些管理制度将开始实施，如危险废物代为处置制度、危险废物管理计划制度、处置设施退役费用预提留制度等。

对于污染土壤是否属于固体废物是有争议的，重污染土壤由于其已经丧失了原有的利用功能，既不能用于农牧业生产，也不能直接在其上修建居民住宅和进行商业、工业开发（需要进行修复和处理），这一点符合固体废物的定义。但是由于其不具有可抛弃的特征和不可再生的性质，一般制定专门法律对其进行保护，而不将其纳入固体废物管理。我国虽然还没有制定专门的土壤保护的法律，也没有将污染土壤纳入固体废物进行管理。但是污染土壤（特别是重污染土壤）的一些处理技术与固体废物的处理技术是相类似的，可以用固体废物（特别是危险废物）的处理技术和设施处理重污染土壤。

[①]　唐艳，刑竹，支金虎. 固体废物处理与处置 [M]. 北京：中央民族大学出版社，2018：2.

第二节 工业固体废物的特性

一、工业固体废物的一般特性

"工业固体废物是指在工业生产活动中产生的固体废物，包括生产过程中产生的废弃副产物或中间产物、报废原料、不合格产品、报废设施设备等，同时也包括工业污染控制设施处理污水后产生的污泥等"[①]。工业固体废物是工业活动产生的一种常见副产品，其特性可以因其来源、组成和处理方法而异，但通常包括一些共同特点，这些特点在管理和处理工业固体废物时都至关重要。

第一，多样性：工业废物可以来自各种不同类型的工业过程，包括制造、化工、矿业、建筑等，因此其特性也多种多样。不同行业的废物可能具有不同的物理性质和化学成分，这使得处理这些废物需要定制化的方法。

第二，有害物质：一些工业废物可能含有有害物质，如重金属、有机化合物、毒性物质等。这些有害物质对环境和健康有潜在危害。例如，废弃电子产品中含有的铅和汞可能会渗入土壤和地下水，对生态系统和人类健康构成威胁。

第三，固态形态：工业废物通常以固体形式存在，这使得其储存和处理相对容易。固体废物可以通过简单的堆积或垃圾填埋来管理，但这也需要考虑垃圾填埋场的容量和环境影响。

第四，体积大：与液体或气体废物相比，固体废物通常具有较大的体积。这意味着在处理和储存方面可能需要更多的空间，也增加了废物运输的成本和复杂性。

第五，可回收性：一些工业废物，如金属、塑料等，具有潜在的回收价值。这些材料可以在经过适当处理后重新利用，有助于减少资源浪费和环境负担。回收还可以降低新材料的生产成本。

第六，稳定性：工业固体废物的稳定性可以因其成分而异。一些废物可

---

① 杨春平，吕黎.工业固体废物处理与处置 [M].郑州：河南科学技术出版社，2017：3.

能会在时间内分解或变化，而其他则可能非常稳定。了解废物的稳定性对于选择适当的储存和处理方法至关重要。不稳定的废物可能需要特殊的处理以防止不安全的反应发生。

总而言之，工业固体废物的特性是多方面的，需要根据具体情况采取适当的管理和处理方法，以确保其对环境和人类健康的影响最小化。有效的废物管理不仅有助于减少环境污染和资源浪费，还有助于促进可持续发展和保护生态系统的健康。因此，废物管理应该被视为工业活动的重要组成部分，需要综合考虑技术、法规和环境保护的因素。只有这样，我们才能更好地应对工业废物带来的挑战，实现可持续的未来。

二、工业固体废物的污染特性

"工业固体废物的污染特性是伴随着产生特性而来的"[①]，工业固体废物产生量大，环境污染的可能性就大；工业固体废物产生种类多，导致污染的有害成分会更加复杂；工业固体废物产生广泛分布，产生污染的范围会更大。因此，工业固体废物产生去向需要控制，一方面要依据污染成分来制订方案；另一方面是防止产生环境污染。工业固体废物产生特性表现是多方面的，因而污染特性是复杂的。

（一）工业固定废物的污染成分复杂

工业固体废物的污染成分复杂与生产工艺、原材料的使用、堆存方式有很大的关系。不同工业产品在生产过程中所产生的固体废物类别和主要污染物种类因所使用的原辅材料而不同；相同工业产品的生产，因生产工艺和原辅材料的产地不同，主要污染物含量也存在着差异。即使是同一工业产品、相同生产工艺和原辅材料，但因生产工况条件和员工实际操作的变化，所产生的固体废物中污染物的含量也不是恒定的。

（二）工业固定废物产生污染形式多样

工业固体废物产生的环境污染和危害形式是多种多样的。从时间上来看有长期的、潜在的危害和即时的危害。例如，工业固体废物排入水体，导致鱼虾死亡就是即时的危害。石棉废物产生的石棉粉尘对人体健康的危害，可

---

① 王琪. 工业固体废物处理及回收利用 [M]. 北京：中国环境科学出版社，2006：42.

潜伏几十年才能表现出来就是长期的危害。从危害程度上可分为一般危害和严重危害。例如，一般工业固体废物的污染相对于危险废物的危害性就轻一些，一吨含砷的固体废物比一吨高炉渣的危害要大得多。从导致污染的途径上可通过各种环境介质和人体接触产生直接的危害。从污染对象上可导致大气污染、水体污染、生态破坏、健康损害、物品受污染、占用土地、破坏农田甚至毁坏财物等。从污染的方式上有直接产生污染和间接产生污染，直接产生污染是工业固体废物对环境和人体健康产生的直接危害。例如，固体废物乱堆乱放产生的扬尘污染，受水的浸泡产生的有害物质污染水体，直接接触导致皮肤过敏和损伤等；间接产生污染是固体废物在加工利用和减少或消除污染等过程中可产生新的固体废物、废水、废气导致的污染。

（三）污染特性与废物的成分与结构相关

由于工业固体废物产生来源和成分比较复杂，因此造成的环境污染与成分和结构有很大的关系。例如，含铜的电镀污泥和金属铜废物的污染特性完全不一样，是因为铜元素的结构形态不一样，含铜的电镀污泥属于危险废物，废物中的铜以铜离子状态存在，金属铜废物属于一般固体废物，废物中的铜是金属铜；又如，含三价铬和六价铬的工业固体废物的污染特性也是不一样的，前者的毒性比后者的毒性小很多倍；又如，固体废物的浸出液中一旦检出有机汞化合物，那么该废物就属于危险废物，如果浸出液中汞及其化合物的浓度小于 0.05mg/L，那么该废物属于一般工业固体废物（其他污染物都不超标）；再如，火法冶炼含铬铁合金和含铬不锈钢产生的冶炼渣，废渣中铬的含量比较低而且比较稳定，铬进出率和浸出浓度多非常低，正常情况下属于一般工业固体废物，但是铬盐生产或铬化工生产或湿法冶炼产生的铬浸出渣由于含有毒性较高的六价铬和三价铬，浸出渣属于危险废物。

（四）工业固体废物污染环境的特点分析

没有相同形态的环境受纳体，自然界对固体废物的自净能力很差，所以对于固体废物的环境容量很小。产生的各种环境污染具有隐蔽性、滞后性和持续性，固体废物造成的污染治理困难，生态恢复成本高昂，不恰当的处置容易造成景观污染和心理影响，从而引起社会的关注。固体废物污染控制的特点是固体废物处理处置是废水、废气处理的延续和最终手段，也是水污染控制和大气污染控制的重要方面。

第三节 工业固体废物的环境影响

在对工业固体废物进行的环境管理和处理处置过程中，工业固体废物都会对环境造成不同程度的影响。具体而言，工业固体废物对环境的影响主要包括以下方面：

一、工业固体废物对空气环境的影响

工业固体废物中有很多呈细微颗粒状，如选矿尾矿砂、高炉渣、除尘灰、石棉粉尘、产品的切磨废料等。堆放的工业固体废物中的细微颗粒、粉尘等可随风飞扬，从而对空气环境造成污染。而且，由于堆积的废物中某些物质的分解和化学反应，可以不同程度地产生毒气或恶臭，造成局部性空气污染。工业固体废物在运输和处理过程中，也能产生有害气体和粉尘，污染空气。固体废物在焚烧过程中会产生焚烧烟气，特别是会产生受到社会广泛关注的污染物质——二噁英。如果固体废物露天焚烧，将会产生更严重的空气污染。

二、工业固体废物对水环境的影响

固体废物弃置于水体，将使水质直接受到污染，严重危害水生生物的生长条件，并影响水资源的充分利用。堆积的固体废物经过雨水的浸渍和废物本身的分解，其渗滤液和有害化学物质的转化和迁移，也将对附近地区的河流及地下水系和资源造成污染。

即使是一般工业固体废物倾倒入河流、湖泊等水体环境，也会造成河床淤塞，水面减小，水体污染，甚至导致水利工程设施的效益减少，使其排洪和灌溉能力有所降低。我国沿河流、湖泊、海岸建立了许多企业，每年向附近水域倾倒大量的灰渣。工业固体废物倾倒产生的水环境污染比较多见，所产生的后果非常严重。随意倾倒固体废物到自然环境中是我国法律所不允许的，产生工业固体废物的单位应按照《中华人民共和国固体废物污染环境防治法》和相关标准及规范的要求妥善处理工业固体废物。但是，即使建设完备的固体废物填埋场，如果所产生的渗滤液没有得到妥善的处理也会排放到环境中，也会造成水体的污染。另外，固体废物的处理过程产生的污水也可能造成对水体的污染。

三、工业固体废物对土壤环境的影响

固体废物及其淋洗和渗滤液中所含的有害物质会改变土壤的性质和土壤结构，并将对土壤中微生物的活动产生影响。这些有害成分的存在，不仅有碍植物根系的发育和生长，而且还会在植物有机体内积蓄，通过食物链危及人体健康。土壤是许多细菌、真菌等微生物聚居的场所。这些微生物形成了一个生态系统，在大自然的物质循环中，担负着碳循环和氮循环的一部分重任。工业固体废物特别是危险废物，经过风化、雨雪淋溶、地表径流的侵蚀，产生高温和毒水或其他反应，能杀灭土壤中的微生物，使土壤丧失分解能力，导致草木不生。在固体废物污染的危害中，最为严重的是危险废物的污染。其中的剧毒性废物最易引起即时性的严重破坏，并会造成土壤的持续性危害影响。

四、工业固体废物对生态环境的影响

工业固体废物对生态环境的影响是综合作用的结果，有直接的破坏，有通过固体废物导致土壤污染、水体污染、大气污染而产生的生态影响。长期以来，环境中囤积的危险废物数量已达到了较高程度，大量有毒有害物质渗透到自然环境中，已经或正在对生态环境造成极大的破坏。生物群落特别是一些水生动物的休克死亡，可以认为是工业固体废物处置场释出污染物质的前兆。例如在雨季，由于填埋场不当，使地表径流或渗沥液中的化学毒素进入江河湖泊引起的大量鱼群死亡。这类危害效应可从个体发展到种群，直到生物链，并导致受影响地区营养物循环的改变或产量降低。

第二章　工业固体废物的预处理

第一节　工业固体废弃物的压实

压实是指通过压力来提高固体废物的堆积密度和减小固体废物体积的过程。"固体废物经过压实以后，一方面可以增大容重、减少体积以便于装卸运输，确保运输安全与卫生，降低运输成本和减少填埋占地；另一方面还可以制取高密度惰性块料，便于贮存、填埋或作建筑材料"[1]。

固体废物的压实主要用于压缩性大而压缩后恢复性小的固体废物的预处理。压缩性大、压缩后恢复性小的固体废物包括生活垃圾、各类纸制品和纤维、机械加工行业排出的金属丝和碎片、旧家用电器、报废小汽车的壳体等。对于压缩性小的密实物体，如木头、玻璃、金属块体、硬质塑料等固体废物不宜采用压实的方法进行预处理。对于有弹性的固体废物如汽车的废旧轮胎等也不适合用压实的方法进行预处理。固体废物压实的目的就是缩减固体废物的体积，有利于固体废物的运输、储存和填埋。

以垃圾的压实为例，在垃圾的压实过程中，影响垃圾压实效果的因素主要有垃圾承受的压力、垃圾的组分、垃圾的含水率、垃圾体的厚度、压实机械的行程次数、压缩速度等。在垃圾的压实过程中，垃圾组分之间的内聚力与摩擦力同时存在，它们共同抵抗外来压力的作用，使垃圾的变形过程分为三个阶段：第一阶段是垃圾组分之间的大空隙消失。随着作用在垃圾体上的压力的增加，垃圾体内较大空隙的空气和空隙中的部分水分排挤出来，垃圾体产生较大的不可逆变形，即塑性变形。第二阶段是随着垃圾变形量的增加，垃圾组分间的接触点不断增加，反抗压缩的阻力随之增

---

[1]　杨春平，吕黎．工业固体废物处理与处置 [M]．郑州：河南科学技术出版社，2017：9.

加，只有当外加压力大于该阻力时垃圾体才可继续发生变形。随着外加压力的增大，组分间的空隙继续减小，空隙间的水被挤出，使垃圾体发生新的变形。当压力足够大时，垃圾体发生变形量很小的不可逆蠕变。第三阶段是继续增加压缩垃圾体的压力，垃圾体组分间大量的内部水分被排挤出来，有一些垃圾组分会发生破碎，垃圾体发生固体范性形变。一般而言，垃圾体的密度随着外来压力的增加而增大。

垃圾体的不同组分具有不同的力学性质，不同性质之间的相互作用影响了垃圾体的压实效果。对于具有弹性的垃圾组分如橡胶、泡沫海绵等，在压实过程中弹性变形性良好，压实初期体积减小幅度较大。对于自身的结构特点和韧性较好的垃圾组分如竹木、纺织品、纤维、胶带等，它们起到垃圾体骨架支撑的作用，是垃圾压缩蠕变阶段的主要受力组分。垃圾体中所含的水分包括吸附水、膜状水、毛细水等。当垃圾体的含水率较低时，垃圾组分间的内摩擦力和垃圾组分自身的内聚力阻碍垃圾体的压实，随着垃圾体内所含水分的增加，垃圾体压缩过程的阻力下降，使垃圾体的压实过程变得容易。垃圾体的厚度对压实效果和压实能耗的影响很大，垃圾体的初始厚度越大，压实的效果就越差，使厚度大的垃圾体达到与厚度小的垃圾体同样的压实效果所消耗的能量也越高。对于一定的压实效果，存在某一垃圾体厚度，为单位体积垃圾压实能耗最小的厚度。

压实机械的行程次数直接影响垃圾体的压实效果，垃圾体的压实程度并不是随着压实机械行程次数的增加呈现无限增长的趋势，而是以对数增长规律趋于某一个极限值，压实机械开始的几个行程的压实作用最大，随着行程的增加，其压实效果逐渐衰减。压实机械对垃圾体的压缩速度越小，完成相同压缩行程所需的时间就比速度大时要长，随着作用在垃圾体上的压实时间的增加，垃圾体的压实效果也就越好。而压缩速度的减小又降低了压实过程的生产效率，因此在垃圾体的实际压实过程中，压缩开始阶段的垃圾颗粒松散，压缩速度一般是先快后慢，可以实现在保证压实效果的前提下，显著提高压实过程的生产效率。

第二节 工业固体废弃物的破碎

"固体废物的主要特点之一就是其堆积密度小、所占用的体积大。在固体废物的减量化、资源化和无害化过程中，对固体废物的破碎是一个主要的预处理过程"[①]。破碎的过程是通过人为或机械外力的作用，破坏物体内部的凝聚力和分子间的作用力，使物体破碎的操作过程。若再进一步进行加工，将小块的固体废物颗粒分裂成细粉状的过程则称为磨碎。破碎是固体废物处理过程中最常用的预处理工艺，但它不是固体废物最终处理的操作过程，而是固体废物运输、焚烧、热解、气化、熔化等其他处理过程的预处理步骤。即破碎的目的是为使运输、焚烧、热解、熔融、压缩等过程易于进行而提供合适的粒度；增大比表面积；减小体积，使上述过程变得更为经济。

破碎之所以能成为几乎所有工业固体废物处理和处置工艺的必不可少的预处理工序，主要是由于破碎过程具有以下优点：①破碎减少了固体废物的空隙，增加了它的容重，对固体废物的填埋工艺而言，破碎后的固体废物进行填埋时，其堆积密度比破碎前增加 25% ~ 60%，可以大幅度减少固体废物填埋时占用的空间和填埋层覆土的频率，不仅节省了填埋工作量，而且可以延长填埋场的使用年限。由于破碎后的固体废物颗粒间的空隙变小，可以更有效地去除蚊蝇、降低臭味气体的产生量，减少蚊蝇、鼠类的危害。②固体废物破碎后，使原来成分复杂且混合不均匀的状况得到显著改善，破碎也使固体废物的比表面积大幅度增加，这些因素都使固体废物的焚烧条件得到显著改善，使固体废物的焚烧更加快速和高效，可以提高固体废物的热能利用率。③由于破碎过程使固体废物的空隙减小，从而使固体废物堆肥过程中的热量散失速率降低，减少了肥堆的散失热量，加快了肥堆的腐化程度，破碎后的固体废物比破碎前更加适合于高温堆肥。④破碎后的固体废物由于容重的增加，使固体废物的远距离运输和储存更加经济有效和易于进行。⑤破碎过程为固体废物的分选提供了更为合适的粒度分布，有利于提高固体废物的分选效率，提高固体废物可再利用组分的回收率。⑥破碎过程减少了固体废

---

① 黄赳. 现代工矿业固体废弃物资源化再生与利用技术 [M]. 徐州：中国矿业大学出版社，2017：40.

物中大块物料的存在，可以有效减轻大块或锋利的固体废物中的物料对固体废物后续处理设备的损害，提高了后续处理设备的安全性和可靠性。

工业固体废物的强度是固体废物的重要特性之一，它表现为对外力的抵抗能力和抗破碎阻力。固体废物的强度通常用静载荷下测定固体废物的抗压强度、抗拉强度、抗剪切强度、抗弯曲强度来表示。对于固体废物，其有关强度由大到小依次为抗压强度、抗剪切强度、抗弯曲强度和抗拉强度。通常以固体废物的抗压强度作为标准来衡量固体废物的机械强度，对于抗压强度大于 250MPa 者称为坚硬固体废物；抗压强度在 40 ~ 250MPa 之间者称为中硬固体废物；抗压强度小于 40MPa 者称为软固体废物。一般情况下，固体废物的机械强度与固体颗粒的粒径有关，粒径小的固体废物其宏观与微观空隙比粒径大的颗粒要小，其小颗粒的机械强度也比大颗粒的机械强度要高。

工业固体废物的破碎效果常用破碎比来表示，其定义为：固体废物原料粒度与破碎产物粒度的比值。破碎比是固体废物在破碎过程中粒径减少的倍数，它表征了固体废物的破碎程度。一般破碎机的破碎比的范围为 3 ~ 30；磨碎机的破碎比可高达 40 ~ 400，甚至 400 以上。固体废物每经过一次破碎机或磨碎机称为一个破碎段。如果固体废物的破碎比不太大，则一个破碎段就能满足破碎要求。如果固体废物的破碎比比较大，如固体废物的浮选和磁选工艺中要求的入料粒度很小，即破碎比很大，为了满足此要求，就要采用几个破碎段相互串联来达到较大的固体废物破碎比。对于由多个破碎段串联起来的破碎流程，该破碎流程的总破碎比等于各破碎段的破碎比的乘积。

破碎段是决定破碎工艺流程的基本指标，它主要决定破碎物料的初始粒度和最终粒度，破碎段的个数越多越容易使破碎后的固体废物达到较细的粒度，但多个破碎段的能耗也要比单个破碎段的能耗高得多，而且破碎系统也变得复杂，系统的初投资也随之增大。在工程实用中，在满足破碎产品粒度要求的前提下，应尽量减少破碎段，以简化破碎系统，降低初投资和降低破碎系统的能耗。

根据工业固体废物的性质、颗粒的粒度、要达到的破碎比、拟选用的破碎机类型等有关指标，来组成相应的破碎流程。在整个破碎流程中，根据破碎过程的实际需要，每个破碎段也可以具有不同的组合形式，常见的破碎段组合形式有简单破碎工艺、带预先筛分破碎工艺、带检查筛分破碎工艺、带预先筛分和检查筛分破碎工艺等。

第一，简单破碎工艺中破碎段的特点是固体废物进入破碎设备进行破碎后，直接排料。此破碎段具有工艺简单、易操作、占地面积小等优点。此种工艺仅适用于破碎比较小的场合。

第二，带预先筛分破碎工艺中破碎段的特点是固体废物进入破碎设备之前先利用筛子进行筛分分选，筛出的筛上物进入破碎设备进行破碎后排出，破碎设备排出的物料与筛下物混合后作为该破碎段的产品。此破碎段可预先分离出粒度较小的固体废物颗粒，减少了进入破碎设备的物料量。

第三，带检查筛分破碎工艺中破碎段的特点是固体废物先进入破碎设备进行破碎后，利用筛子对破碎设备排出破碎的固体废物进行筛分分选，筛出的筛上物再进入破碎设备进行破碎，筛下物作为该破碎段的产品排出。此破碎段的特点是可以将破碎产物中大于要求粒度的颗粒分离出来后再进行破碎，使该破碎段的产品的粒度全部符合粒度要求。

第四，带预先筛分和检查筛分破碎工艺中破碎段的特点是固体废物进入破碎设备之前先利用第一级筛子进行筛分分选，筛上物进入破碎设备进行破碎。经过破碎设备破碎的物料再进入第二级筛子进行筛分分选，第二级筛子的筛上物再进入破碎设备进行破碎，第一级筛子和第二级筛子的筛下物作为该破碎段的产品排出。此破碎段是带预先筛分破碎工艺和带检查筛分破碎工艺的组合，因此它具有上述两种破碎工艺的共同优点。

在上述不同的破碎段中，都有一个破碎工序。破碎工序的破碎方法可以分为干式、湿式和半湿式三种类型。干式破碎就是通常所指的破碎，按照干式破碎过程中所用的外力的不同（即消耗能量的不同）又可分为机械能破碎和非机械能破碎两种。湿式破碎是用水将被破碎的物料在水力作用下形成浆状混合物，达到破碎的目的。半湿式破碎是指被破碎的物料在一定的湿度下进行破碎的过程。

在干式破碎过程中机械破碎方法是利用破碎工具如破碎机的齿板、锤子或球磨机滚筒中的钢球对固体废物施加外力达到破碎的目的，非机械能破碎方法是利用电能、热能对固体废物施加电场或升降温度达到破碎的目的。目前广泛使用的破碎方法有冲击破碎、剪切破碎、挤压破碎、摩擦破碎等，另外还有低温破碎、湿式破碎和半湿式破碎等破碎方法。在上述破碎方法中，机械破碎是最常用的破碎方法，其作用方式包括压碎、劈开、折断、磨削、冲击。

冲击破碎有重力冲击和动冲击两种形式。重力冲击是指使物料落到一个硬表面上使其破碎；动冲击是指使物料碰到一个比它更坚硬的快速旋转的表面时而产生冲击使其破碎。在动冲击过程中，固体废物是没有支承的，冲击力使破碎的固体废物颗粒向各个方向加速，如锤式破碎机就是利用动冲击的原理对固体废物机械破碎的。在实际的破碎设备中，其破碎作用常常是以上述四种作用方式中的两种以上的作用方式同时存在。

剪切破碎是指在剪切力的作用下切开和割裂固体物料，剪切作用包括劈开、撕破和折断等。剪切破碎适用于松软物料的破碎。

挤压破碎是指物料在两个硬表面之间挤压破碎的过程。挤压破碎适用于硬脆物料，两个挤压表面可以是一个运动和一个静止，也可以两个都是运动的。

摩擦破碎是指固体废物在两个相对运动的硬表面摩擦作用下导致破碎的过程。如碾磨机是借助于旋转磨轮沿环形底盘运动，利用连续摩擦、压碎和磨削的方式实现破碎固体废物的。

选择合理的破碎方式可以有效地破碎工业固体废物，而工业固体废物的硬度是影响破碎方法选择的重要因素。对于脆硬性固体废物如各种废石和废渣，适宜采用剪切破碎、挤压破碎和冲击破碎的方法；对于柔韧性好的固体废物如橡胶、废钢铁、旧电器等，在常温下用传统的破碎机难以进行破碎，破碎机产生的压力只能使其产生较大的塑性变形，而不能使其断裂，宜采用低温破碎工艺，使其在低温下变脆而被有效地破碎；当固体废物的体积较大不能直接进入破碎机时，可先进行剪切破碎减小其尺寸，然后再送入相应的破碎机进行破碎；对于含有大量纸质组分的固体废物，可采用湿法破碎进行破碎处理。

第三节　工业固体废弃物的分选与回收

一、工业固体废弃物的分选

分选的目的是将工业固体废物中可以回收利用的物质或一些对后续处理、处置工艺不利的物质有效地分离出来并加以综合利用。"分选可以采用人工的方法或机械的方法，目前以机械分选的方法为主，机械分选方法又分为筛分、重力分选、磁力分选、电力分选等"①，下面主要探讨筛分。筛分是指利用筛子将粒度范围较宽的颗粒群分离成粒度范围较窄的颗粒群的过程。该分离过程可以看作是由物料分层和细粒透过筛子两个阶段组成的，物料分层是完成分离的条件，细粒透过筛子是分离的目的。为了使粗细颗粒通过筛面进行分离，必须使物料颗粒与筛面之间具有合适的相对运动，使筛子上的物料颗粒处于松散状态，即按颗粒粒度大小分层，形成粗颗粒位于上层、细颗粒位于下层的规则排列，使细颗粒能够到达筛面并透过筛孔。虽然通过筛孔的颗粒的粒度都小于筛孔的尺寸，但透过筛孔的不同粒径的细颗粒在透过筛孔时的难易程度是不同的。对于粒度小于筛孔 3/4 的细颗粒，很容易在颗粒层中穿过粗颗粒间的间隙到达筛面后透过筛面，而对于粒度大于筛孔 3/4 的细颗粒，则很难通过粗颗粒形成的间隙到达筛面而透过筛面，颗粒的粒度越接近筛孔的尺寸，则越难到达并透过筛面。

根据筛分操作在工艺中完成的任务不同，可将筛分作业分类如下：①独立筛分：目的在于获得符合用户要求的最终产品的筛分。②准备筛分：目的在于为下一个工序做准备的筛分。③预先筛分：在破碎之前进行筛分，目的在于预先筛出合格和无须破碎的产品，提高破碎作业的效率，防止过度粉碎和节省能耗。④检查筛分（控制筛分）：对破碎产品进行筛分。⑤选择筛分：利用物料中的有机成分在各粒级中的分布，或者性质上的显著差异所进行的筛分。⑥脱水筛分：脱出物料中水分的筛分。适用于固体废物处理的筛分设备主要有固定筛、筒形筛、振动筛和摇动筛等，其中应用最广泛的是固定筛、筒形筛和振动筛。

固定筛的筛面由许多平行排列的筛条组成，可以水平安装或倾斜安装。固定筛由于具有结构简单、不消耗动力、设备费用低和维修方便等优点，在固体废物处理中得到了广泛应用。固定筛又可分为格筛和棒条筛两种。格筛一般都安装在粗破碎机之前，以保证进入破碎机的物料颗粒度符合破碎机的进料要求。棒条筛主要用于粗碎和中碎之前，为了保证物料沿筛面顺利下滑，其安装角应大于物料对筛面的摩擦角，安装角一般为 30° ～ 35°。棒条筛的筛孔尺寸为筛下颗粒直径的 1.1 ～ 1.2 倍，筛孔尺寸一般不小于 50mm，筛条宽度应大于物料中最大颗粒直径的 2.5 倍。

---

① 黄赳. 现代工矿业固体废弃物资源化再生与利用技术 [M]. 徐州：中国矿业大学出版社，2017：52.

筒形筛是一个倾斜的圆筒，置于若干滚子上，圆筒的侧壁上开有许多筛孔。固体物料由筛筒一端输入，并由旋转的筒体带起，当达到一定的高度后因重力作用自行落下，如此不断地做起落运动，使小于筛孔尺寸的细颗粒透过筛孔，而筛上剩余的物料则逐渐移到筛的另一端排出。圆筒筛内物料颗粒的运动规律与球磨机内物料的运动规律相同，因此在圆筒筛的运行过程中，圆筒筛的转速达到临界速度时，也会影响颗粒的分离效果。但圆筒筛的实际转速比临界速度低很多，不会发生物料颗粒在临界速度下随筒壁一起运动的情形。圆筒筛的筛分效率与圆筒筛的转速和物料在圆筒筛中的停留时间有关，物料在圆筒筛中的停留时间为 25 ~ 30s，圆筒筛的最佳转速为 5 ~ 6r/min。

振动筛的振动方向与筛面垂直或近似垂直，振动次数为 600 ~ 3600 次 / min，振幅为 0.5 ~ 1.5mm。物料在筛面上发生离析现象，密度大而颗粒小的颗粒钻过密度小而颗粒大的颗粒的空隙，进入下层到达筛面，有利于进行筛分。振动筛的倾角一般为 8° ~ 40°。振动筛由于筛面强烈振动，消除了物料堵塞筛孔现象的发生，有利于湿物料的筛分，可以用于粗、中、细颗粒的筛分。振动筛主要分为惯性振动筛和共振筛两种。惯性振动筛是通过由筛子不平衡的旋转所产生的离心力，使筛箱产生振动的筛子。惯性振动筛的激振力是离心惯性力，故称为惯性振动筛。共振筛是利用在连杆上安装有弹簧的曲柄连杆机构驱动，使筛子在共振的状态下进行筛分。由于筛子是在共振状态下进行筛分，故称为共振筛。共振筛具有处理能力大、筛分效率高、能耗低、结构紧凑等优点，但也有制造工艺复杂、机体较重的缺点。惯性振动筛和共振筛广泛应用于筑路、建筑、化工、冶金、采矿、粮食加工等行业。

二、工业固体废弃物的回收

工业固体废弃物的回收是一项不可或缺的环境保护和资源管理举措，其重要性在于减少废物对环境的负面影响，同时最大程度地回收和再利用有价值的材料。工业固体废弃物的回收主要包括以下方面：

第一，金属回收：金属废弃物通常占据工业废物的一大部分。金属可以通过熔化、精炼和再加工的方式进行回收。这意味着废旧金属可以被转化成新的金属产品，从而降低对有限资源的需求，减少废物的储存和处理成本。

第二，塑料回收：塑料废弃物可以通过机械回收和化学回收进行处理。机械回收涉及将塑料废物破碎、清洗，并再加工成新的塑料制品。化学回收则涉及将废塑料化学分解为原始化合物，以便重新制造新的塑料制品。这有助于减少对石油等原材料的依赖。

第三,玻璃回收:废玻璃通常被破碎、清洗,然后再熔化成新的玻璃块,用于制造新的玻璃容器和产品。这个过程有助于降低对天然资源的需求,减少玻璃废物的填埋。

第四,纸张和纸板回收:纸张和纸板废弃物可以通过回收再生纸来减少对树木的砍伐。回收纸张涉及将废纸张打浆,去除墨迹和杂质,然后再制成新的纸张制品。这有助于保护森林资源。

第五,有机废物回收:有机废物,如食物残渣和庭院垃圾,可以通过堆肥或生物气化进行处理。这些过程将有机废物分解成有机肥料、生物天然气或其他可再生能源,有助于减少有机废物的填埋和焚烧。

第六,能源回收:一些废物可以用于能源生产,如生物质废物和垃圾。这些废物可以通过燃烧或气化转化为电力或热能,有助于减少对化石燃料的需求。

第七,电子废物回收:废弃电子设备,如手机和计算机,包含有用的材料,如金、银和稀有金属。电子废物回收可以将这些有价值的材料提取出来,同时确保电子设备中的有害物质得到安全处理,减少电子废物对环境的污染。

工业固体废物的回收需要严格遵守国家和地区的环境法规和安全标准。这包括储存、运输和处理废物的合规性,以确保废物处理过程是安全和环保的。为了实现成功的废物回收计划,教育公众和企业,提高他们对废物回收的认识至关重要。宣传活动可以提高人们的回收率,减少错误投放,鼓励正确分类和处理废物,以推动可持续的废物管理。

总而言之,工业固体废弃物的分选与回收是实现可持续发展的关键步骤。通过减少废物的数量和将资源重新利用,不仅可以降低对有限资源的需求,还可以减少环境污染和温室气体排放。因此,政府、企业和个人都应该积极参与和支持这一过程,以实现更清洁和可持续的未来。

第四节　工业固体废弃物的脱水

固体废物脱水问题常见于城市污水和工业废水处理厂产生的污泥的处

理以及类似于污泥含水率的其他固体废物的处理。按所含成分的不同，需脱水处理的固体废物分为两大类：以无机物为主要成分的泥渣或沉淀物和以有机物为主要成分的泥渣或污泥。冶金、建材等工业废水处理后的固体废物多属于前者，其特性是密度较大、含水率较低，易于脱水，但流动性较差，对设备和管道磨损严重。纺织、造纸、食品等工业废水和城市污水处理后的固体废物多属于后者，其特性是有机物含量高、容易腐败发臭、密度较小、含水率较高，呈胶体结构，不易脱水，但流动性较好，便于管道输送。凡含水率超过90%的固体废物，必须先脱水减容，以便于包装、运输与资源化利用。

常用的固体废物脱水方法概括起来主要有浓缩脱水、机械脱水和干燥等。下面主要探讨浓缩脱水方法。污泥的浓缩脱水主要是为了去除污泥中的间隙水，缩小污泥的体积，为污泥的输送、消化、脱水、资源化利用等创造条件。浓缩后污泥含水率仍高达90%以上，可以用泵输送。浓缩脱水方法主要有重力浓缩、气浮浓缩和离心浓缩三种，其中重力浓缩是使用最广泛和最简单的浓缩方法。

重力浓缩的构筑物称为浓缩池，按其运行方式可分为间歇式浓缩池和连续式浓缩池两类。间歇式浓缩池用于小型处理厂或工业企业的污水处理厂，连续式浓缩池用于大中型污水处理厂。

气浮浓缩与重力浓缩正好相反，它是依靠大量微小气泡附着在污泥颗粒上，形成污泥颗粒——气泡结合体，进而产生浮力把污泥颗粒带到水表面，用刮泥机刮除的过程。澄清水部分从池底部排除，部分加压回流，混入压缩空气，通过容器罐，供给所需要的微小气泡。与重力浓缩相比，气浮法浓缩速度快，处理时间一般为重力浓缩所需时间的1/3左右，且占地较少；生成的污泥较干燥，表面刮泥较方便。但基建费和操作费用较高，管理较复杂，如气浮浓缩的操作运行费用较重力浓缩约高2～3倍。

离心浓缩是利用污泥中的固体颗粒与水的密度及惯性的差异，在高速旋转的离心机中，固体颗粒和水分别受到大小不同的离心力而被分离的过程。由于离心力远大于重力，因此离心浓缩法占地面积小、造价低，但运行费用与机械维修费用较高。目前，用于污泥浓缩的离心分离设备有倒锥分离板型离心机和螺旋卸料离心机两种。倒锥分离板型离心机是由许多层分离板组成，污泥浆在分离板间进行分离，澄清液沿着中心轴向上移动，并从顶部排出，浓缩污泥集中于离心机转筒的底部边缘排放口排出。螺旋卸料离心机由转筒和同心螺旋轴组成。污泥由中心管进入，经螺旋上喷口进入转筒，在离心力作用下进行固液分离，污泥甩向内壁浓缩，借螺旋与转筒的相对运动，移向渐缩端进一步浓缩脱水从渐缩段排出，离心澄清液从溢流口排出。

第三章　工业固体废物的热化学处理

第一节　工业固体废物的焚烧

国际上一般认为以下几种废物适于做焚烧处理：①具有生物危险性的废物；②难以生物降解及在环境中持久性强的废物；③易挥发和扩散的废物；④燃点低于 40℃ 的废物；⑤含有卤素、铅、汞、铬、锌、氮、磷或硫的有机废物。

我国很多行业都产生危险废物，其中化工行业产生的危险废物种类较多、数量较大。例如，化工危险废物主要有四氯乙烯、苯酚等有机原料生产中的废溶液（卤化或非卤化）；三氯酚、四氯酚等；农药及其中间体生产中产生的蒸馏釜残液，过滤渣，废水处理中的剩余活性污泥；水银法烧碱生产中产生的含汞盐泥及铬盐生产中产生的铬浸出渣等。

石油化工行业的主要危险废物是石油炼制产生的含油、环烷酸、酚、沥青质等的有机物和硫化物的酸碱废液，有机废液，含油缸底泥、池底泥，剩余活性污泥。

有色冶金工业产生的危险废物包括：矿山选矿产生的含砷氧化铜尾矿、含砷锡精选尾矿；铜冶炼产生的湿法炼铜浸出渣、砷铁渣；铅冶炼产生的砷钙渣；锌冶炼产生的浸出渣、中和净化渣；锡冶炼产生的含砷烟尘、砷铁渣；锑冶炼产生的碱渣、浸出渣、铍渣；制酸产生的废触媒等。

金属铬生产中产生的六价铬渣，炼焦产生的焦油渣，苯精制吹苯残渣、吹残废液，苯精制酸焦油，硫铵酸焦油，洗油再生器残渣，煤气发生炉产生的煤焦油、焦油渣，钢材酸洗废液，镀锌薄板生产过程中产生的含铬污泥，轧机等的废油，电炉炼高合金钢种产生的钢渣及其粉尘，上述这些也属于工业危险废物。

工业危险废物从性质上可分为无机废物、废油、有机废物、易腐烂的有机废物及其他废物等五类。焚烧处理的选择对象主要是有毒有机废物，主要包括：含卤素、氮、硫、磷化合物的有机废物；废溶剂、废油、油乳化物和油混合物，塑料、橡胶和乳胶废物，农药废物、制药废物，含酚废物；油脂和蜡废物等。

危险废物焚烧技术就是采用热力法将焚烧物的有机成分中的碳、氢等元素（有的化学品还含氧、卤素、氮、磷、硫或金属），经氧化反应使之分解为简单的气体或固体，可燃气体继续完成氧化反应，尽可能将废物安全有效地焚烧，并使最终排放的烟气和残渣达到无害。

"焚烧法是利用高温分解和深度氧化的综合过程，其特点是处理量大、减容性好、无害化彻底，并且其热能可以回收利用"[①]。当前世界能源短缺，而固体废物量有增无减，焚烧处理有机固体废物不失为一条新的能源途径。因此，焚烧处理固体垃圾，尤其是工业垃圾，已成为不可逆转的趋势。

为了达到安全有效的焚烧，必须依据废物的种类、数量和企业的经济技术条件，采用不同的工艺设备。

一、工业固体废物焚烧的原理

燃烧是指具有强烈放热效应、有基态和电子激发态的自由基出现并伴有光辐射的化学反应现象。

（一）焚烧的过程

固体废物从送入焚烧炉起，到形成烟气和固态残渣的整个过程总称为焚烧过程。焚烧过程包括干燥、燃烧、燃尽三个阶段。在实际焚烧过程中，这三个阶段并没有明显界限。对于不同的固体废物组分，有的组分开始燃烧甚至已经燃尽，有的组分可能还处在预热阶段；对于同一组分，其表面进入燃烧阶段时，内部可能还处在干燥阶段。

1. 干燥阶段

从物料送入焚烧炉起，到开始析出挥发分和着火这一段时间，都认为是干燥阶段。按热量传递方式，干燥可分为传导干燥、对流干燥、辐射干燥三

---

① 杨春平，吕黎. 工业固体废物处理与处置 [M]. 郑州：河南科学技术出版社，2017：30.

种方式。废物送入炉内，随着温度的升高其表面水分开始蒸发，当温度升高到 100℃左右（相当于达到一个大气压下水蒸气的饱和状态），废物中的水分开始大量蒸发，不断干燥。在干燥阶段，物料的水分以蒸汽形态析出，因此需要吸收大量的热量，即水的汽化热。

2. 燃烧阶段

在干燥阶段基本完成后，如果炉内温度足够高，且又有足够的氧化剂，物料就会很顺利地进入真正的焚烧阶段——燃烧阶段。燃烧阶段包括了以下三个同时发生的化学反应模式。

强氧化反应：物料的燃烧包括物料与氧发生的强氧化反应过程。

热解：在缺氧或无氧条件下，利用热能破坏含碳高分子化合物元素间的化学键，使含碳化合物被破坏或者进行化学重组的过程。

原子基团碰撞：在物料燃烧过程中，还伴有火焰的出现。燃烧火焰实质上是高温下富含原子基团的气流造成的。由于原子基团电子能量的跃迁、分子的旋转和振动等产生量子辐射，产生红外热辐射、可见光和紫外线等，从而导致火焰的出现。

3. 燃尽阶段

物料在主燃烧阶段发生强烈的发热发光氧化反应之后，开始进入燃尽阶段。此时参与反应的物质的量减少了，而反应生成的惰性物质、气态的 CO_2、气态的 H_2O 和固态的灰渣则增加了。

（二）焚烧的要素

1. 焚烧的温度

废物的焚烧温度是指废物中有害组分在高温下氧化、分解直至破坏所需达到的温度。它比废物的着火温度要高得多。合适的焚烧温度是在一定的停留时间下由试验确定的。大多数有机物的焚烧温度范围在 800～1000℃，通常在 800～900℃为宜。

2. 气体停留时间

气体停留时间是指燃烧气体从最后空气喷射口或燃烧器到换热面（如余热锅炉换热器等）或烟道冷风引射口之间的停留时间。停留时间的长短直接影响废物的焚烧效果、尾气组成等，停留时间也是决定炉体容积尺寸和燃烧能力的重要依据。

一般情况下，应尽可能通过生产模拟试验来获得设计数据。对缺少试验手段或难以确定废物焚烧所需时间的情况，可参阅经验数据。对于垃圾焚烧，如温度维持在 850 ~ 1000℃，并有良好的搅拌和混合时，燃烧气体在燃烧室的停留时间为 1 ~ 2s。

3. 搅拌混合强度

要使废物燃烧完全，减少污染物形成，必须使废物与助燃空气充分接触、燃烧气体与助燃空气充分混合。焚烧炉所采用的搅动方式有空气流搅动、机械炉排搅动、流态化搅动及旋转搅动等，其中以流态化搅动效果最好。中小型焚烧炉多属于固定炉床式，常通过空气的流动来进行搅动，其主要有炉床下送风与炉床上送风两种方式。炉床下送风是指助燃空气自炉床下送风，由废物层孔隙中窜出，这种搅动方式易将不可燃的底灰或未燃炭颗粒随气流带出，形成颗粒物污染，废物与空气接触机会大，废物燃烧较完全，焚烧残渣热灼减量较小；炉床上送风是指助燃空气由炉床上方送风，废物进入炉内时从表面开始燃烧，优点是形成的粒状物较少，缺点是焚烧残渣热灼减量较大。

一般而言，二次燃烧室气体速度在 3 ~ 7m/s 即可满足要求。气体流速过大时，混合强度加大，但气体在二次燃烧室的停留时间会减少，反而不利于燃烧的完全进行。

4. 过剩空气率

过剩空气系数（m）用于表示实际供应空气量与理论空气量的比值：

$$m = A / A_0 \qquad\qquad (3-1)$$

式中，A_0——理论空气量；
　　　A——实际供应空气量。
过剩空气率由下式求出：

$$过剩空气率 = （m-1）\times 100\% \qquad\qquad (3-2)$$

根据经验，过剩空气系数一般需大于 1.5，常在 1.5 ~ 1.9；但在某些特殊情况下，过剩空气系数可能在 2 以上才能达到较完全的焚烧效果。

焚烧四要素的关系见表 3-1。

表 3-1　焚烧四要素的关系

参数变化	搅拌混合强度	气体停留时间	燃烧室温度	燃烧室负荷
焚烧温度上升	可减少	可减少	—	会增加
过剩空气率提高	会增加	会减少	会降低	会增加
气体停留时间增加	可减少	—	会降低	会降低

（三）焚烧的产物

固体废物中的可燃成分主要是有机物，有机物由大量的碳、氢、氧元素组成，有时还含有氮、硫、磷和卤素等少量元素。这些元素在焚烧过程中与空气中的氧发生反应，生成各种氧化物或部分元素的氢化物。固体废物中主要成分的焚烧产物如下：

第一，有机物中碳的焚烧产物是二氧化碳气体。

第二，有机物中氢的焚烧产物是水；若有氟或氯存在，也可能由它们的氢化物生成。

第三，固体废物中的有机硫和有机磷，在焚烧过程中生成二氧化硫或三氧化硫以及五氧化二磷。

第四，有机氮化物的焚烧产物主要是气态的氮，也有少量氮氧化物生成。

第五，有机氟化物的焚烧产物是氟化氢。

第六，有机氯化物的焚烧产物是氯化氢。

第七，有机溴化物和碘化物焚烧后生成溴化氢及少量的溴气以及碘。

第八，根据焚烧元素的种类和焚烧温度，金属在焚烧后可生成卤化物、硫酸盐、磷酸盐、碳酸盐、氢氧化物和氧化物等。

有害有机废物，经焚烧处理后要求：主要有害有机组成物的破坏去除率（Destruction and Removal Efficiency，简称为 DRE）应达到 99.9% 以上。

二、工业固体废物焚烧的工艺

实际上，垃圾焚烧系统应包括整个垃圾焚烧厂，即从垃圾的前处理到烟气处理整个过程。这里所指的焚烧系统又指垃圾进入焚烧炉内燃烧生成产物

（气和渣）排出的过程，即焚烧系统只涉及垃圾的接收、燃烧、出渣、燃烧气体的完全燃烧，以及为保证完全燃烧助燃空气的供应（一次和二次）等。

　　焚烧系统与前处理系统、余热利用系统、助燃空气系统、烟气处理系统、灰渣处理系统、废水处理系统、自控系统等密切相关。其中焚烧系统或焚烧炉是焚烧过程的关键和核心，它为垃圾燃烧提供了场所和空间，其结构和形式将直接影响固体废物的燃烧状况和效果。

　　通常，固体废物在焚烧炉中的燃烧过程包括固体表面的水分蒸发、固体内部的水分蒸发、固体中挥发性成分的着火燃烧、固体炭的表面燃烧、完成燃烧（燃尽）。固体表面的水分蒸发和固体内部的水分蒸发为干燥过程；固体中挥发性成分的着火燃烧、固体炭的表面燃烧和完成燃烧（燃尽）为燃烧过程。

　　燃烧又可分为一次燃烧和二次燃烧。一次燃烧是燃烧的开始，二次燃烧则是完成整个燃烧过程的重要阶段。以分解燃烧为主的固体废物的焚烧，仅靠一次助燃空气难以完成燃烧反应。一次燃烧仅使容易挥发成分中的易燃部分燃烧并使高分子成分分解，而且，一次燃烧产生的 CO_2 也可能会还原。二次燃烧是将一次燃烧中产生的可燃气体和颗粒炭进一步燃烧，多为气态燃烧，因此合适的燃烧室容积大小、燃烧气体和二次助燃空气的良好混合等至关重要。一次燃烧和二次燃烧所起作用如图 3-1 所示。

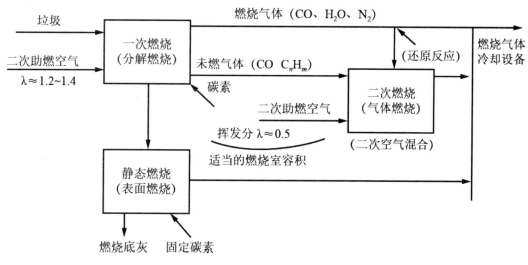

图 3-1　一次燃烧和二次燃烧

三、工业固体焚烧能源的回收

在焚烧过程中，物料的燃烧会产生大量的烟气，烟气温度可高达850～1000℃，含有大量的热能，需要加以利用。现代化的焚烧厂通常都设有尾气冷却和废热回收系统。其作用是：①调节尾气温度。一般尾气净化处理设备仅能在300℃以下的温度范围内操作，因此在尾气进入净化处理设备前，需要进行冷却降温（220～300℃）以保证尾气处理设备的正常运行。同时，也是为了避免高温尾气对周围环境的热污染。②回收废热。通过各种方式利用废热，可以获得经济效益，有利于降低焚烧处理的费用。目前，大中型垃圾焚烧厂几乎都设置有气电共生系统。

（一）焚烧废气的冷却方式

焚烧产生的废气首先需要进行冷却处理，冷却的方式有直接式和间接式两种。

直接式冷却是利用传热介质直接与尾气接触以吸收热量，达到冷却和温度调节的目的。水具有较高的蒸发热（约2500kJ/kg），可以有效降低尾气温度，且产生的水蒸气不会造成污染。因此，水是最常用的冷却介质。空气的冷却效果差，使用量大，会造成尾气处理系统容量的增大，因此很少单独使用。

间接冷却方式是利用传热介质（空气、水等），通过废热锅炉、转换器等热交换设备，来降低尾气温度和回收废热。其中废热锅炉换热冷却方式使用最广泛。

一般而言，中小型焚烧厂多采用批式或半连续式焚烧方式，产生的热量较少，废热回收的规模经济效益较差，故多采用喷水直接冷却方式。而大型垃圾焚烧厂产热量大，具有较好的规模经济效益，故大都采用废热锅炉冷却方式。

（二）废热回收的具体方式

废热回收方式的选择取决于废热利用途径和特点、工艺设备的需要以及经济因素等。

垃圾焚烧所产生的废热有多种再利用方式，包括水冷型、半废热回收型及全废热回收型三大类。焚烧产生的废热大多被转化为蒸汽热能。其主要用途具体如下：

第一，厂内辅助设备自用。如预热助燃空气等。

第二，厂内发电。垃圾焚烧产生的蒸汽常被用以推动汽轮发电机以产生电力，构成气电共生系统。

第三，供应附近工厂或医院加热或消毒用。

第四，供应附近发电厂当作辅助蒸汽。

第五，供应区域性暖气系统蒸汽使用。

第六，供应休闲福利设施。如温水游泳池、公共浴室及温室花房等。

四、工业固体废物焚烧的设备

焚烧设备包括焚烧炉及其附属的供料斗、推料器、炉体、助燃器和出渣机等。焚烧炉是整个焚烧过程的核心。焚烧炉的结构形式与废物的种类、性质和燃烧形态等因素有关。按处理对象可分为城市垃圾焚烧炉、一般工业焚烧炉、危险废物焚烧炉；按燃烧室的多少可以分为单室炉和多室炉；按燃烧方式可分为机械炉排焚烧炉、流化床焚烧炉、回转窑式焚烧炉等。

（一）机械炉排焚烧炉

燃烧室及炉排是机械炉排焚烧炉的心脏。燃烧室的几何形状（即气流模式）与炉排的构造及性能，决定了焚烧炉的性能及固体废物焚烧处理的效果。炉排的主要作用是运送固体废物和炉渣通过炉体，还可以不断地搅动固体废物，并在搅动的同时使从炉排下方出入的空气穿过固体燃烧层，使燃烧反应进行得更加充分。

机械炉排分为水平链条机械炉排和倾斜机械炉排。而倾斜机械炉排又分为并列摇动式、台阶式、台阶往复式、履带往复式、摇动式、逆动式、滚筒式等类型。

摇动式炉排有一系列扇形炉排有规律地横排在炉体中（和物料运动方向成垂直排列）。操作时，炉排有次序地上下摇动，使物料运动。

台阶往复式炉排分为固定型和活动型两种。固定型和活动型炉排交替放置。活动型炉排的往复运动使固体废物沿着炉排表面移动，并将料层翻动扒松。这种炉排对固体废物适应性较强，可用于含水量较高的垃圾和以表面燃烧和分解燃烧形态为主的固体废物的燃烧。

逆动式炉排长度固定，宽度则依炉床所需面积调整，可由数个炉排横向组合而成。固定炉条和横向炉条交错配置。可动炉条逆向移动，使得废物因重力而滑落，使废物层达到良好的搅拌。

履带往复式炉排由连续不断地运动着的履带组成。通过履带的移动来推送固体废物，对固体废物没有搅拌和翻动作用，固体废物只有在从上一炉排落入下一炉排时有所扰动，故易出现局部废物烧透、局部有未燃尽的现象。

滚筒式炉排为 5～7 个圆形滚筒，呈倾斜排列，相邻圆筒间旋转方向相反，有独立的一次空气导管，由圆筒底部经滚筒表面的送气孔达到废物层。废物因圆筒的滚动而往下移动，并不断搅拌混合。

焚烧炉燃烧室内放置的一系列机械炉排，通常按其功能分为干燥段、燃烧段和燃尽段。各段的供应空气量和运行速度可以调节。①干燥段。垃圾的干燥包括炉内高温燃烧空气、炉侧壁以及炉顶的辐射干燥，从炉排下部提供的高温空气的通气干燥，垃圾表面和高温燃烧气体的接触干燥，垃圾中部分垃圾的燃烧干燥。垃圾在干燥带的滞留时间约为 30min。②燃烧段。垃圾在燃烧段的滞留时间约为 30min，在此段，垃圾的搅拌非常重要。③燃尽段。将燃烧段送过来的固定碳素及燃烧炉渣中未燃尽部分完全燃烧。垃圾在燃尽段滞留约 1h，保证在燃尽段上有充分的滞留时间，可将炉渣的热灼减率降至 1%～2%。

（二）流化床焚烧炉

流化床焚烧炉主要依靠炉膛内高温流化床料的高热容量、强烈掺混和传热的作用，使送入炉膛的垃圾快速升温着火，形成整个床层内的均匀燃烧。自 20 世纪 60 年代以来，这种技术已经成功地被用于劣质燃料及各类废弃物的燃烧处置和热能利用。但早期发展的流化床燃烧炉，属于"鼓泡流化床"燃烧模式，也有多种炉型（包括一些声称有内循环功能的焚烧炉），采用的流化风速较低，主要的燃烧过程发生在下部流化床层内，上部稀相空间的燃烧份额很小。因此，沿炉膛高度温度下降很快，限制了燃料挥发分气体的燃尽和对污染物的控制。

循环流化床燃烧是近年才发展起来的一个新技术分支，它继承了一般流化床燃烧固有的对燃料适应性强的优点，同时提高了流化速度，增加了物料循环回路。大量的物料被烟气带到炉膛上部燃烧，经过内、外循环的多个途径再返回炉膛下部，提高了炉膛上部的燃烧放热份额，增强了炉膛上下部之间的物料交换，使整个炉膛处于均匀的高温燃烧状态。确保烟气在高温区的有效停留时间，能保证垃圾各组分的充分燃尽，使有毒有害物质的分解破坏更为彻底；也防止了局部超温的出现，对常量污染物（SO_2、NO 等）的控制更为有力。因此，循环流化床燃烧技术一出现就被能源环境界公认为是一种环境友好型的焚烧方式。

循环流化床垃圾焚烧炉的优点：①适于焚烧处理我国一般混合收集的原生垃圾，燃烧完全，残渣热灼减率 < 2%。②可以焚烧处置固形垃圾和其他气态或液态、热值悬殊的燃料和废弃物，垃圾堆放、贮存过程中产生的垃圾渗沥液都可以直接送入炉膛焚烧处置。③为避免入炉垃圾品质变化及差异过大对焚烧状态的影响，可以向炉内添加适量的辅助燃料煤，而不必用油。因为煤价廉易得，添加量较少。④系统设备配套研发，对垃圾的分选和预处理要求很低，不需要复杂的预处理工艺，运行稳定。炉内没有复杂的运动机构，设备故障率低。⑤单炉处理量较大，已形成单炉处理能力 100～500 吨／日的产品系列，能够适应大型垃圾焚烧厂的建设要求。⑥可以把过热器布置在这类焚烧炉型所特有的物料循环通道中，隔绝与焚烧烟气的接触，避免高温 HCl 腐蚀；所生产的过热蒸汽温度达到常规热电系统参数，提高垃圾发电效率。⑦焚烧炉膛内各处温度均匀，并采用了分级供风及炉内添加石灰石等措施，能彻底分解有毒有害物质，有效控制 NO_x、SO_x 等的生成，实现了环境友好。

循环流化床垃圾焚烧炉的不足在于：①与机械炉排焚烧炉相比，发展历史不长，系统配套，特别是与原生垃圾不做分选处理相关的给料、排渣设备还需长期考验，不断完善。②虽然从技术发展到生产制造，均立足于国内，设备维护和技术更新都更加方便、经济、快捷，但在设计准则和加工工艺等方面，仍需积累经验，形成实用可行的行业标准，不断完善。③一般循环流化床焚烧炉飞灰比例较高，灰量较大；按照我国有关法规，焚烧炉飞灰需按危险废弃物做专门处置，处置成本较高。需要从减少飞灰量和降低飞灰毒性两个方面入手，探求解决方案，采用多渠道排灰和发展相应安全的飞灰处置技术。

（三）回转窑式焚烧炉

回转窑式焚烧炉体为采用耐火砖或水冷壁炉墙的圆柱形滚筒，它是通过炉体整体转动，使垃圾均匀混合并沿倾角向倾斜端翻腾状态移动。为达到垃圾完全焚烧，一般设有二燃室，其独特的结构使几种传热形式中完成垃圾干燥、挥发分析出、垃圾着火直至燃尽的过程，并在二燃室内实现完全焚烧。回转窑式焚烧炉对焚烧物变化适应性强，特别对于含较高水分的特种垃圾均能实行燃烧。回转窑式焚烧炉有三种焚烧方法：灰渣式焚烧，熔渣式焚烧，热解式焚烧。

第一，回转窑灰渣式焚烧。灰渣式焚烧炉的回转窑温度一般控制在 800 ~ 900℃，危险废物通过氧化熔烧达到销毁，回转窑窑尾排出的主要是灰渣，冷却后灰渣松散性较好，由于炉膛温度不高，危险废物对回转窑耐火材料的高温侵蚀性和氧化性不强，因此耐火材料的使用寿命相对比较长，内炉体"挂壁"现象也不严重。

第二，回转窑熔渣式焚烧。回转窑熔渣式焚烧炉主要是处理一些单一的、毒性较强的危险废物，温度一般在 1500℃以上，目的是提高销毁率。由于处理对象各不相同，成分复杂，一些危险废物熔点在 1300 ~ 1400℃甚至更高，因此该类型焚烧炉温度控制较难，对操作要求较高。由于回转窑熔渣式焚烧炉炉膛温度较高，辅助燃料耗量增大，带来的最直接的后果是回转窑耐火材料、保温材料燃料消耗、机械损耗及操作难度均较高。

第三，回转窑热解式焚烧。回转窑热解式焚烧炉内温度控制在 700 ~ 800℃，由于危险废物在回转窑内热解气化产生可燃气体进入二燃室燃烧，可以降低耗油量。另外，由于温度低、热损失少，烟气量是三种处理工艺中最低的，随之装机容量降低，运行成本得到降低。但是其缺点是灰渣残留量高，灰渣焚烧不彻底，目前某些关键技术已有突破。此种焚烧方法代表了回转窑焚烧危险废弃物技术的发展方向，尤其是对资源节约型社会来讲，这一点尤为重要。

回转窑式焚烧炉特点在于：①本设备可同时焚烧固体废物、液体、气体，对焚烧物适应性强；②焚烧物料翻腾前进，三种传热方式并存一炉，热利用率较高；③耐火材料寿命长，而且更换炉衬方便、费用低；④传动机制简单，传动机构均在窑外壳，设备运转安全，维修简单；⑤对焚烧物形状、含水率要求不高；⑥设备运转率高，年运转率一般可达 90% 以上，操作维修方便。

五、焚烧过程中污染物的防治

垃圾焚烧过程中的烟气主要成分为 CO_2、H_2O、N_2、O_2 等，同时也含有部分有害物质：烟尘、酸性气体（HCl、HF、SO_2）、NO_4、CO、碳氢化合物、重金属（Pb、Be、Hg）以及二噁英（PCDDs/PCDFs）等。

（一）烟尘控制与酸性气体治理技术

焚烧尾气中粉尘的主要成分为惰性无机物质，如灰分、无机盐类、可凝结的气体污染物和重金属氧化物等。视运转条件、废物种类和焚烧炉类型等的不同，其含量的变化范围很大（450 ~ 22500mg/m³）。在垃圾焚烧厂中常用的有多管离心式除尘器、布袋除尘器。不能够采用静电除尘器。

第一，多管离心式除尘器。多管离心式除尘器由若干单体离心除尘器组合而成，它的工作原理与单体离心除尘器的相同，都是利用离心原理去除粉尘。多管离心式除尘器对粒径在10μm以上的粉尘处理效果较好，除尘效率一般在70% ~ 98%，压损500 ~ 1500Pa。

第二，布袋除尘器。当带有粉尘的尾气通过布袋除尘器的滤布时，空气通过滤布而粉尘则被截留下来，这就是布袋除尘器的工作原理。

布袋除尘器的关键部件是滤布，滤布对除尘器的性能有直接的影响。滤布有聚酯、聚酰胺等积布和掺入毛毡的耐热尼龙、玻璃纤维和聚四氟乙烯纤维等。滤布的耐热温度在250℃左右，所以高温尾气在进入布袋除尘器前都需要进行冷却降温。布袋除尘器结构简单，除尘效果也很好。除尘效率可高达99%，烟尘浓度可降至10mg/m³甚至更低，气流速度一般为1m/min左右，压力损失1000 ~ 2000Pa。

脉冲清洗式和逆流清洗式布袋除尘器都具有清洗功能。脉冲清洗式布袋除尘器除尘时，含尘烟气由滤布外穿入，粉尘被截留在滤布外表面；当清洗时，高压空气由滤布内吹出，使截留在滤布外表面的粉尘脱落。逆流清洗式布袋除尘器除尘时，烟气从滤布内穿出，粉尘被截留在滤布内表面；当清洗时，干净的清洗气体从外表面穿入滤布内，滤布产生变形而使粉尘脱落。

（二）酸性气体控制处理技术

用于控制焚烧厂尾气中酸性气体的方法主要有湿式洗气法、干式洗气法半干式洗气法三种。

1. 湿式洗气法

在焚烧尾气处理系统中，最常用的湿式洗气塔是对流操作的填料吸收塔。通过除尘器除尘后的尾气，先经冷却部的液体冷却，降到一定温度后，由填料塔下部进入塔内。在通过塔内填料向上流动过程中，与由顶部喷入（喷淋）、向下流动的碱性溶液在填料空隙和表面接触并发生反应，从而去除酸性气体。

湿式洗气塔建造和运行时需要考虑的问题有：填料的材质和尺寸、洗气塔的构造材料、碱性药剂的选择和添加量的确定、洗涤溶液的循环和排出废水的处理等。

填料对吸收效率影响很大，对填料的基本要求是：经久耐用、防腐性好、比表面积大、对空气流动的阻力小、质量轻和价格便宜等。最常使用的填料是由高密度聚乙烯、聚丙烯或其他热塑胶材料制成的不同形状的填料，如螺旋环等。

除了洗气塔和填料外，洗涤药剂对酸性气体的去除起着至关重要的作用。常用的碱性药剂有 NaOH 溶液（15% ~ 20%，质量分数）或 Ca（OH）$_2$ 溶液（10% ~ 30%，质量分数）。石灰在水中的溶解度不高，含有许多悬浮氧化钙粒子，容易导致液体分配器、填料及管线的堵塞及结垢，故采用 NaOH 溶液的较多。

洗气塔的碱性洗涤溶液采用循环使用方式。当 pH 值或盐度超过一定标准时，排出部分并补充一些新的 NaOH 溶液后，洗涤溶液继续循环使用。排泄液中通常含有很多溶解性重金属盐类（如 $HgCl_2$、$PbCl_2$ 等），氯盐浓度亦可高达 3%，因此必须予以处理，以避免对环境的二次污染。

湿式洗气塔的主要优点：对酸性气体的去除效率很高，HCl 去除率可达 98%，SO，去除率也可达 90% 甚至更高，并附带有去除高挥发性重金属（如汞）的潜力。缺点：造价高，耗电、耗水量大；产生含重金属和高浓度氯盐的废水，若处理不好，会产生二次污染；尾气排放时产生白烟现象等。

目前，改良型湿式洗气塔多分为两个阶段，第一阶段针对 SO_2，第二阶段针对 HCl，主要原因是二者在最佳去除效率时的 pH 值不同。

2. 干式洗气法

干式洗气法是用压缩空气将碱性固体粉末（消石灰或碳酸氢钠）直接喷入烟管或反应器内，使之与酸性废气充分接触和发生反应，从而达到中和酸性气体并加以去除的目的。为了加大反应速率，实际碱性固体的用量为反应需求量的 3 ~ 4 倍，固体停留时间至少需 1s。近年来，为提高干式洗气法对难以去除的一些污染物质的去除效率，用硫化钠（Na_2S）及活性炭粉末混合石灰粉末一起喷入，可以有效地吸收气态汞及二噁英。

干式洗气塔的优点：设备简单，维修容易，造价低，消石灰输送管线不易堵塞。缺点：由于固相与气相的接触时间有限，且传质效果不佳，故常需超量加药，药剂的消耗量大，整体的去除效率也较其他两种方法为低，产生的反应物和未反应物量较多，从而增加后续灰渣处置的难度。

3. 半干式洗气法

半干式洗气塔实际上是一个喷雾干燥系统。它利用高效雾化器将消石灰泥浆喷入干燥吸收塔中，使之与酸性气体充分接触并发生反应，以去除酸性气体。尾气与喷入泥浆的接触方式有多种，可同向流动，也可逆向流动。半干式洗气塔也常与除尘器组合在一起使用，以同时去除粉尘和酸性气体。

半干式洗气法结合了干式法与湿式法两者的优点。其优点是构造简单、投资少；压差小、能耗低、运行费用低；耗水量远低于湿式法，产生的废水量少；雾化效果好、气液接触面大，去除效率高于干式法；操作温度高于气体饱和温度，尾气不产生白烟。其缺点是喷嘴易堵塞；塔内壁易被固体化学物质附着及堆积；设计和操作时，对加水量控制要求比较严格。

（三）重金属控制处理技术

去除尾气中重金属的方法主要如下：

第一，除尘器去除。当重金属降温达到饱和温度时，就会凝结成粒状物。因此，通过降低尾气温度，利用除尘设备就可去除之。需要注意的是，单独使用静电除尘器对重金属物去除效果较差，而布袋除尘器与干式或半干式洗气塔并用时，对重金属（汞金属除外）的去除效果非常好。且进入除尘器的尾气温度愈低，去除效果愈好。但为维持布袋除尘器的正常操作，废气温度不得降至露点以下，以免引起酸雾凝结，造成滤袋腐蚀，或因水汽凝结而使整个滤袋阻塞。由于汞金属的饱和蒸气压较高，不易凝结，故此法对其处理效果不理想。

第二，活性炭吸附法。在干式法处理流程中，可在布袋除尘器前喷入活性炭，或于流程尾端使用活性炭滤床来吸附重金属；对以气态存在的重金属物质，活性炭吸附效果也较好。吸附了重金属的活性炭随后被除尘设备一并收集去除。

第三，化学药剂法。在布袋除尘器中喷入能与汞金属反应生成不溶物的化学药剂，可去除汞金属。例如，喷入 Na_2S 药剂，使其与汞反应生成 HgS 颗粒，然后再通过除尘系统去除 HgS 颗粒。研究表明，通过喷入抗高温液体螯合剂，可去除 50% ~ 70% 的汞。在湿式洗气塔的洗涤液内加催化剂（如 $CuCl_2$），促使更多水溶性的 $HgCl_2$ 生成，再用螯合剂固定已吸收汞的循环液，也可获得良好的汞去除效果。

第四，湿式洗气塔。部分重金属的化合物为水溶性物质，通过湿式洗气塔的作用，把它们先吸收到洗涤液中，然后再加以利用。该法可与化学药剂结合使用。

除此以外，尾气中粉尘本身也有一定的去除重金属的作用。当尾气通过热能回收设备及其他冷却设备后，部分重金属会因凝结和吸附作用而附着在细尘表面，在细尘通过除尘设备时被一同去除。

（四）恶臭的产生与控制技术

在焚烧废物的过程中，常会产生恶臭。恶臭物质也是未完全燃烧的有机，多为有机硫化物或氮化物，它们刺激人的嗅觉器官，引起人们厌恶或不愉快，有些物质亦可损害人体健康。

为防止恶臭的产生，常在二次燃烧室中利用辅助燃料将温度提高到1000℃，使恶臭物质直接燃烧，可利用催化剂在150～400℃下进行催化燃烧，也可用水或酸、碱溶液吸收恶臭物质；用活性炭、分子筛等吸附剂来吸附废气中恶臭；用含有微生物的土粒、干鸡粪等多孔物作为吸附剂，让微生物分解恶臭物质将气体冷却，使恶臭物冷凝成液体而与气体分离。在上述方法中以燃烧法净化效果最好，没有二次污染，也不存在进一步处理废液或废固体的问题，但需要消耗燃料；用催化剂催化燃烧，费用虽低，但催化剂易中毒。选择净化方法一般需从净化性能及净化费两方面考虑，既要消除恶臭，又要减少净化费用，多数情况下采用两种及以上净化法比较有利，如直接燃烧后再经催化燃烧，吸收后再经浸渍不同化学品的吸附剂吸附，可达到更好的脱臭效果。

（五）煤烟的处理与控制技术

固体废物焚烧时会产生煤烟，煤烟是由碳氢燃料的脱氢、聚合或缩合而生成的。各类碳氢化合物发烟的倾向与组分中碳原子数与氢原子数的比值有关，一般比值小的发烟倾向小。一般而言，萘系、苯系、二烯烃、烯烃、烷烃，含氧碳氢化合物的发烟倾向依次变小。醇类、醚类等含氧碳氢化合物焚烧时很少发烟。

为防止煤烟的形成，在其尚未凝集成大块时，增加氧气浓度、提高温度、加速煤烟的燃烧速度。通常燃烧用氧由空气供给，受到空气组成的限制，因此在燃烧过程中通常通入二次空气以提高氧的浓度、利用辅助燃料的燃烧提高温度，可以防止煤烟的生成。物料与空气的均匀混合也很重要，燃烧室太小（炉子的单位负荷太大）、混合气体停留时间短也会产生煤烟。因此，选择最合适的焚烧条件，恰当的炉膛尺寸和形状，是进行焚烧的必要条件。

（六）灰渣控制及残渣处理技术

我国将灰渣分为炉渣和飞灰。炉渣是指焚烧后在炉床上的剩余物，是熔渣、玻璃、陶瓷等一些不可燃物和部分未燃的有机物；飞灰则是指在烟气净化系统中收集得到的焚烧残余物，还包括注入的吸附剂、烟道气的冷凝产物等。灰渣一般占湿垃圾的 1% ~ 30% 的湿重、5% ~ 15% 的体积。焚烧灰渣（尤其是飞灰）中通常含有重金属、溶解盐及有毒有机污染物等。

在各类焚烧灰渣中，炉渣所包含的可浸出的重金属与溶解盐的浓度比较低，且稳定性比较好，在物理性能和工程性质上与天然骨料和一些路基材料很相似。因此，焚烧灰渣一般可以用作资源化回收利用，可以作为混凝土和沥青路面的骨料、部分路堤路基砾石的替代物、填充材料和填埋场覆盖材料等，其资源回收利用性要优于飞灰。焚烧飞灰因其具有较高的金属浸出毒性、有毒有机污染物含量及溶解盐浓度，我国《危险废物污染防治技术政策》规定，生活垃圾焚烧产生的飞灰必须单独收集，不得与生活垃圾、焚烧残渣等其他废物混合，也不得与其他危险废物混合，而且要求在飞灰的最终处置之前，在产生地进行必要的稳定化处理，才可以进行安全填埋处置。若达到资源化利用标准，才可回收利用。

第二节　工业固体废物的热解

热解，即利用有机物的热不稳定性，在无氧或缺氧条件下利用热能使化合物的化学键断裂，由相对分子质量大的有机物转化成相对分子质量小的可燃气体、液体燃料和焦炭等的过程。

热解应用于工业已经有很长的历史，最早应用于煤的干馏，得到的焦炭产品主要用作冶炼钢铁的燃料。随着应用范围的逐渐扩大，该技术被用于重油和煤炭的气化。20 世纪 70 年代初期，世界性石油危机对工业化国家经济的冲击，使人们逐渐意识到开发再生能源的重要性，热解技术开始应用于固体废物的资源化处理，并制造燃料，成为一种很有前途的固体废物处理方法。

热解与焚烧有相似之处，都是热化学转化过程。两者又是完全不同的两个过程，焚烧是放热反应，而热解是吸热反应；焚烧产物是二氧化碳和水，而热解产物主要是可燃的低相对分子质量化合物。

一、工业固体废物热解的影响因素

固体废物的热解过程是一个复杂的化学反应过程，包含大分子的键的断裂、异构化等化学反应。在热解过程中，其中间产物存在两种变化趋势，它们一方面有从大分子变成小分子甚至气体的裂解过程；另一方面又有从小分子聚合成较大分子的聚合过程。分解是从脱水开始的，如两分子的苯酚聚合脱水；其次是脱甲基或脱氢，生成水与架桥部分的分解次甲基键进行反应生成 CO 和 H_2。温度再升高时，生成的芳环化合物再进行裂解、脱氢、缩合、氢化等反应。反应没有明显的阶段性，许多反应是交叉进行的。

影响热解过程的主要因素有温度、加热速率、反应时间等。另外，废物的成分、反应器的类型及作为氧化剂的空气供氧程度等，都对热解反应过程产生影响。

第一，温度。温度是热解过程最重要的控制参数。温度变化对产品产量、成分比例有较大的影响。在较低温度下，有机废物大分子裂解成较多的中小分子，油类含量相对较高。随着温度升高，除大分子裂解外，许多中间产物也发生二次裂解，C_5 及以下分子及 H_2 成分增多，气体产量呈正比增加，而各种酸、焦油、炭渣相对减少。热解温度不仅影响气体产量，也影响气体质量。因此，应该根据预期的回收目标确定并控制适应的热解温度。

第二，加热速率。加热速率对生成品成分比例影响较大。一般而言，在较低和较高的加热速率下，热解产品气体含量高。而随着加热速率的提高，产品中水分及有机物液体的含量逐渐减少。

第三，反应时间。反应时间是指反应物料完成反应在炉内停留的时间。它与物料尺寸、物料分子结构特性、反应器内的温度水平、热解方式等因素有关，并且它又会影响热解产物的成分和总量。

一般而言，物料尺寸愈小，反应时间愈短。物料分子结构愈复杂，反应时间愈长。反应温度愈高，反应物颗粒内外温度梯度愈大，这就会加快物料被加热的速度，反应时间缩短。热解方式对反应时间的影响就更加明显，直接加热与间接加热相比热解时间要短得多。

二、工业固体废物热解工艺与产物

固体废物热解的主要设备是热解装置，称之为热解炉或反应床。热解处理技术可依据其所使用热解装置的类型分为固定床型热解、移动床型热解、旋转窑热解、流化床式热解、多段竖炉式热解、管型炉瞬间热解和高温熔融炉热解。其中，旋转窑热解和管型炉瞬间热解方式是最早开发的城市垃圾热解处理技术；立式多段竖炉型主要用于含水量较高的有机污泥的处理。流化床方式有单塔式（热解和燃烧在一个塔炉内进行）和双塔式（热解和燃烧分开在两个塔炉内进行）两种，其中双塔式流化床应用较广泛，已达到工业化生产规模。

（一）旋转窑式热解

旋转窑式热解热解的代表性技术为以有机物气化为处理目标的 Lanfgard 工艺。其过程是先将城市垃圾用锤式剪切破碎机加工至粒径 10cm 以下，送进贮槽后，经油压式活塞给料器冲压将空气挤出并自动连续地送入回转窑内。在窑的出口设有燃烧器，喷出的燃烧气逆流直接加热垃圾，使其受热分解而气化。空气用量为理论完全燃烧用量的 40%，就能使废物部分燃烧。燃气温度调节在 730 ~ 760℃，为防止残渣熔融结焦，温度应控制在 1090℃ 以下。生成燃气量 1.5m³/kg 垃圾，热值（4.6 ~ 5）× 10⁴kJ/m³。热回收效率为废物和辅助燃料等输入热量的 68%，残渣落入水封槽内急剧冷却，从中可回收铁和玻璃质渣。

（二）废橡胶的热解

废橡胶的热解炉主要应用于流化床及旋转窑。橡胶经剪切破碎机破碎到粒径小于 5mm，绝大部分被分离出来，用磁选去除金属丝。橡胶粒子经螺旋加料器等进入直径为 5cm、流化区长为 8cm、底铺石英砂的电加热反应器中。流化床的气流速率为 500L/h，流化气体由氮及循环热解气组成。热解气流经除尘器与固体分离，再经静电沉积器去除炭灰，在深度冷却器和气液分离器中将热解所得油品冷凝下来，未冷凝的气体作为燃料气为热解提供热能或作为流化气体使用。

（三）废塑料的热解

废塑料的热解回收能源技术已经得到较大发展。废塑料种类很多，其中

PE、PP、PS、PVC 等热塑性塑料大部分分解成碳氢化合物,热解过程不会产生有害气体,而 PVC 加热到 200℃左右才开始脱氯反应,进一步加热发生断链反应。酚醛树脂等热硬性塑料不适合作为热解材料。PET、ABS 树脂因分子结构中含氮、氯等元素,热解过程会产生有害气体或腐蚀性气体,也不适合作为热解原料。热塑性塑料热解产物为 $C_1 \sim C_4$ 的燃料油和燃料气以及固态残渣。通常热解产生的燃料气基本上在系统内部被消耗掉,燃料油也有部分消耗。

废塑料经破碎后进入挤压机,加热至 230 ~ 280℃,使塑料熔融。如含聚氯乙烯时,产生的氯化氢可经氯化氢吸收塔回收。熔融的塑料再送入分解炉,用热风加热到 100 ~ 500℃分解,生成的气体经冷却液化后回收燃料油。

该方法可处理从城市垃圾中分拣的废塑料,生成的燃料油(汽油、柴油、煤油混合物)品质较高,产物和能量的回收率较高,系统的安全性能好,设备维护简单,对外在环境污染小。

(四)污泥热解

污泥具有负热值,不能以回收热量为目的,其重点主要是解决焚烧过程中产生的有毒气体和有害重金属残渣的问题,即实现污泥的节能型、低污染处理。污泥与干燥过的一部分污泥在搅拌器中混合后进入干燥器干燥,然后送入热解炉。从干燥器出来的气体在冷水塔中经冷凝失水后,可作为燃烧气在燃烧室中使用。热解产生的气体经冷却后回收油品或热量。燃烧室内的温度在 800℃以上气体燃烧。燃烧室产生的高温气体在废热锅炉中加热蒸汽,用于干燥,若能量不足,可在燃烧室加辅助燃料。

第四章　工业固体废物的生物处理

第一节　工业固体废物厌氧消化技术

工业固体废物的厌氧消化技术是一种将有机废物在缺氧条件下进行生物分解的过程，这种技术通常在封闭的容器中进行，容器内部创建了一个低氧气环境，促使微生物以厌氧方式分解废物，产生甲烷等有用的产物。

一、厌氧消化技术的自身优势

利用厌氧消化处理工业固体废物有以下优点：①可以减少动力消耗、节约能源、减少成本；②反应器效能高，容积小，占地面积小，可降低基建成本；③剩余污泥量少，且生成的污泥比较稳定；④可以回收沼气能源、降低污染负荷；⑤发酵残留物可作为土壤添加剂或肥料，增加其经济效益。总而言之，厌氧消化只是针对某种特定性质的废物才具有其优越性。

二、厌氧消化技术的基本原理

1914—1930 年，人们认识到厌氧消化固体废物产生甲烷的过程可划分为产酸菌群和产甲烷菌群这两个主要代谢菌群参与的酸性发酵与产甲烷发酵两个阶段。这一观念至今仍被作为经典理论而引用。随着厌氧微生物学研究工作的不断发展，人们对厌氧消化的生物学过程和生化过程的认识不断深化。1979 年，布赖恩特提出了三阶段理论，该理论认为，产甲烷菌不能利用除乙酸、H_2/CO_2 和甲醇等以外的中间产物，长链脂肪酸和醇类必须经过产氢产乙酸菌将其转化为能被产甲烷菌利用的物质。三阶段理论就是在两阶段理论上增加了产氢产乙酸阶段。厌氧消化实际上是一个具有不同功能的不同种微生物，在厌氧环境中共同生存、相互依赖、相互制约的生态平衡系统。深刻认识厌氧消化的各个阶段的反应机理，有助于改进厌氧处理废物的工艺。

三、厌氧消化技术的环境影响

（一）温度与 pH 值的影响

温度是影响厌氧生物处理工艺的重要因素，它的影响主要反映在以下方面：①"通过影响厌氧微生物细胞内的某些活性酶的活性而影响微生物的生长速率和其对基质的代谢速率"[①]；②通过影响有机物在生化反应器中的流向、各种物质在反应介质中的溶解度以及某些中间产物的形成而影响反应过程；③影响剩余污泥的成分、状态及性质；④影响整个工艺系统的耗能与运行成本。

温度对发酵效率、产气质量等有重要影响。温度高，发酵效率增大（底物性质不同变化量也不同），产气量增大（高温一般是低温的一倍），但产气质量下降，且增加温度要消耗能源，所以综合考虑温度的选择还是中温甚至常温比较合适。有机固体垃圾厌氧消化一般在中温或高温下进行，中温的最佳温度为 37 ~ 38℃左右，高温为 53 ~ 54℃左右。pH 值方面，pH 值为 6.6 ~ 7.8 范围内，水分含量为 90% ~ 96% 时的产甲烷速率较高，pH 值低于 6.1 或高于 8.3 时，可能会停止产甲烷。

（二）底物组成的影响

在其他条件都相同时，不同的固体废物组成对沼气的产量有很大的影响；N 的含量过高时，高浓度氨态氮（2000mg/L）会抑制产甲烷菌活动，太低时又不能有效地防止酸的积累，因此要将各种 C/N 比不同的废物配成生化降解性好的混合物。

（三）固体含量对厌氧消化的影响

固体含量（TS）太高，许多影响微生物活性的条件就变得更为严格。例如，氨、重金属、硫酸盐、挥发性有机酸等抑制物质的浓度就会变高，对细菌的活性产生影响。另外，很高的固体含量给搅拌装置和过程带来困难，反应启动条件苛刻，菌种驯化任务艰巨且接种量大。例如，以生活垃圾为发酵底物，当水力停留时间为 15d 以上，TS 含量低于 15.5% 时，处理

---

① 王琪. 工业固体废物处理及回收利用 [M]. 北京：中国环境科学出版社，2006：137.

效果良好；在 TS 含量为 21.8% 时，处理效果不能接受；而当水力停留时间为 10d，总固体含量为 15.5% 时，出现挥发性脂肪酸（VFA）积累，造成反应停止。

（四）接种污泥或微生物菌剂的影响

当接种量少时，发酵起始时间延长，产甲烷的速度变慢。因为在接种量小的情况下，需要一个产甲烷菌种的过程，就有可能造成酸的积累，从而使沼气发酵失败。一般接种污泥是料重的 20% ～ 30% 比较好。另外，对一些含难降解物质的固体废物可以通过接种强化微生物，提高厌氧消化率。

（五）预处理的影响

对反应物料进行不同的预处理会影响厌氧消化的效率。废物厌氧消化的预处理包括物理预处理（废物颗粒直径）、化学预处理（用碱处理）和生物处理（热处理、好氧处理）三种。如粒度越小，发酵就越好。

（六）营养素的影响

厌氧消化过程是由细菌完成的，因此，细菌必须有良好的生存环境，有足够的基质供其吸收并合成自身细胞物质的化合物，否则细菌将会从反应器中流失。这些营养元素主要包括碳、氮、磷、硫以及铁、镍、钴等微量金属元素。

碳为厌氧微生物尤其是产甲烷菌提供能源，氮作为形成微生物的氨基酸、蛋白质的重要营养源，微量金属能促发微生物的活性。所以在厌氧消化处理固体废物中，任何元素的过量或缺乏都会导致反应的失败。如采用厌氧生物工艺来处理玉米、土豆加工、造纸废水等时，就需要在这些废物中添加铁、镍、钴等微量金属元素，保证满意的处理效果。

四、厌氧消化技术的工艺应用

第一，高固体厌氧消化与低固体厌氧消化。在厌氧消化处理固体废物时，处理物料的总固体含量（TS）对反应的影响很大。根据 TS 的不同，可以将厌氧消化固体废物分成高固体厌氧消化和低固体厌氧消化。高固体厌氧发酵又叫干发酵、固体发酵等，它只是一个相对于低固体厌氧消化的概念，并没有明确限定。低固体厌氧消化是指传统的厌氧消化，TS 相对比较低，一般在 8%

以下，随着固体含量的增高，发酵周期将变长，容易造成挥发性脂肪酸（VFA）和毒素积累、搅拌困难、启动慢、运行不稳定等不良反应。但高固体厌氧消化可以提高池容产气率和池容效率、需水量低或不需水、消化后的产品不需脱水即可作为肥料或土壤调节剂使用。

第二，单相消化与两相消化。从反应级数来分，厌氧消化可分为单相和多相，单相厌氧消化是指水解酸化阶段与产甲烷阶段都在一个反应器中进行。有机固体废物两相厌氧消化工艺又叫两步或两阶段厌氧消化，是人为地将厌氧反应过程分解为水解产酸阶段和产甲烷两个阶段，来满足不同阶段厌氧消化微生物的活动需求，达到最佳的反应效率。在产甲烷阶段前设置产酸阶段，可以控制产酸速率，避免产甲烷阶段超负荷，另外还可以避免复杂、多变、有毒的物质对整个系统造成冲击，提高了系统运行的稳定性。

第三，中温消化和高温消化。温度对发酵效率、产气质量等有重要影响。厌氧发酵最适范围是中温发酵（37～38℃），和高温发酵（53～54℃）。温度高，发酵效率、产气率增大，杀灭病原有机体效果增大，但产气质量下降、反应稳定性不好、容易产生丙酸盐积累，另有研究表明高温所需要的附加能量与它增加的产出相近。

第四，喷淋固体床两步消化工艺。20世纪90年代初，针对固体废物发酵时容易酸化的特点，出现了喷淋固体床两步厌氧消化工艺。该工艺既解决了固体有机废物进出厌氧消化器的困难，又防止了干发酵工艺可能出现的酸化现象。它采用 $4 \times 4m^3$ 的固体床和一个 $3m^3$ 上流式厌氧污泥床（UASB）反应器，4个固体床每隔20d循环启动，每天用UASB出水喷淋固体床并淋洗出酸液，再将酸液泵入UASB进行甲烷化发酵产生沼气。固体床产酸期为20d，平均产气率 $0.22m^3/kgTS$，固体床经80d发酵后原料体积减少70%。对于有机成分高，含水率大的固体废物来说，厌氧消化处理并产生清洁能源，是一个较佳的选择。

在处理上述类型的工业固体废物中，传统的方法是将垃圾粉碎成液态状，利用单相厌氧消化进行处理。目前，利用固体床酸化反应器与液体床甲烷反应器的处理方法被证实是处理该类型垃圾的一个好的选择，这样可以减少一些前处理的环节并能充分利用两相反应的特点，达到最佳的反应效率与经济效益。

第二节　工业固体废物的堆肥化处理技术

"堆肥就是在人工控制的条件（主要控制条件是一定的水分、碳氮比和通风）下，通过微生物的发酵作用，将有机物转化为肥料的过程"[①]。堆肥过程的产物称为堆肥。根据发酵过程中微生物对氧的需求关系，可将堆肥分为厌氧（气）堆肥和好氧（气）堆肥两种方式。堆肥是有机固体废物稳定化、无害化处理的重要方式之一。

有机固体废物的堆肥化技术是一种常用的固体废物生物转换技术，是对固体废物进行稳定化、无害化处理的重要方式之一，也是实现固体废物资源化、能源化的系统技术之一。

堆肥化的实质就是有机物在微生物的作用下，通过生物化学反应实现转化和稳定化的过程。在堆肥过程中，污泥中有机物由不稳定状态转化为稳定的腐殖质残渣，对环境尤其是施入土壤后环境不再构成危害。腐熟的堆肥具有一定的养分，是一种极好的土壤调理剂和田地改良剂。在有机固体废物处置中堆肥应用非常广泛，是对固体废物进行稳定化、无害化和资源化的重要处理技术之一。

过去堆肥化处理的原料主要是农业废物如秸秆、禽畜粪便等，目前随着社会经济的发展，有机废弃物的种类越来越多，适用于堆肥的原料相当广泛，如污泥、城市生活垃圾、工业废渣等。

堆肥工艺相对比较简单，可在室外各种天气下进行。为了高效操作，减少臭味，降低成本，也有很多堆肥设备，在完全封闭的建筑物内完成自动化控制操作。其优点是，堆肥产品是一种对环境有用的资源；能够加速植物生长，能够保持土壤中的水分，能够增加土壤中的有机质含量，有利于防止侵蚀。但迄今为止，堆肥效率低下，成本高。

[①]　杨春平，吕黎．工业固体废物处理与处置 [M]．郑州：河南科学技术出版社，2017：123.

一、堆肥化处理技术的基本原理

根据堆肥化过程中微生物对氧气的需求情况不同，可分为好氧堆肥和厌氧堆肥。好氧堆肥是在通风条件好、氧气充足的条件下借助好氧微生物的生命代谢活动降解有机物，通常好氧堆肥温度高，一般在 55 ～ 60℃，极限可达80 ～ 90℃，所以好氧堆肥也称为高温堆肥。而厌氧堆肥则是在通风条件差、氧气不足的条件下借助厌氧微生物发酵堆肥。

（一）好氧堆肥的原理

好氧堆肥是在有氧条件下，依靠好氧微生物的作用把有机物转化为二氧化碳、生物量、热量和腐殖质的过程。微生物通过新陈代谢活动分解有机底物来维持自身的生命活动，同时达到有机物被生物利用的目的。在堆肥过程中，有机废物中的可溶性小分子有机物透过微生物的细胞壁和细胞膜而被微生物直接利用；而不溶性的胶体有机物质先吸附在微生物体外，依靠微生物分泌的胞外酶分解为可溶性物质，再渗入细胞。微生物通过自身的生命代谢活动，进行分解代谢（氧化还原过程）和合成代谢（生物合成过程），把一部分被吸收的有机物氧化为简单的无机物，并放出生物生长、活动所需要的能量；把另一部分有机物转化合成新的细胞物质，使微生物生长繁殖，产生更多的生物体。

影响好氧堆肥化的因素很多，归纳起来主要有以下方面：

第一，有机质含量。有机质含量的高低影响堆料温度和通风供氧要求。如有机质含量过低，分解产生的热量不足以维持堆肥所需要的温度，会影响无害化处理，且产生的堆肥成品由于肥效低而影响其使用价值。如果有机质含磷过高，则给通风供氧带来困难，有可能产生厌氧状态。研究表明，堆料最适合的有机物含量为 20% ～ 80%。

第二，碳氮比。堆肥化操作的一个关键因素是堆料中的碳氮比，其值一般在 25 ～ 35 比较适宜。碳氮比值过高，微生物必须经过多次生命循环，氧化过量的碳，直至达到一个合适的碳氮比供其进行新陈代谢；如果碳氮比值过低，特别是 pH 值和温度高时，堆体中的氮将以氨气挥发形式大量损失，并且堆肥产品也会给农产品带来不利影响。

第三，通风供气量。通风的目的是为好氧微生物提供生命活动所必需的氧，是影响堆肥化过程最重要的因素之一。一个良好的机械堆肥生产系统首先要具有提供足够氧气的能力，如果堆体的氧气含量不足，微生物处于厌氧状态，使降解速率减缓，产生 H_2S 等臭气，同时使堆体温度下降。通风还可以调节温度。堆肥需要微生物作用而产生高温。但是，对于快速堆肥来讲，必须避免长时间的高温。温度控制的问题就要靠强制通风来解决。此外，在高温堆肥化后期，主发酵排出废气的温度较高，会从堆肥中带走大量水分，从而使物料干化。大部分研究学者认为堆体中的氧含量保持在 8% ～ 18% 比较适宜。氧含量低于 8% 会导致厌氧发酵而产生恶臭，氧含量高于 18% 则会使堆体冷却，导致病原菌的大量存活。

第四，温度。对于堆肥化系统而言，温度是影响微生物活动和堆肥工艺过程的重要因素。堆肥中微生物对有机物进行分解代谢会释放热量，这是堆肥物料温度上升的内在原因。堆肥化过程中温度的变化受供养状况以及发酵装置、保温条件等因素的影响。堆肥化过程中温度的控制十分必要，在实际生产中往往通过温度－通风反馈系统来进行温度的自动控制。

第五，pH 值。一般微生物最适宜的 pH 值是 7 和大于 7，pH 值太高或太低都会使堆肥处理遇到困难。在整个堆肥过程中，pH 值先下降（可降至 5.0），然后上升至 8 ～ 8.5，如果废物堆肥变成厌氧状态，则 pH 值持续下降。此外，pH 值也会影响氮的损失。但在一般情况下，堆肥过程中堆体对 pH 值有足够的缓解作用，能使 pH 值稳定在可以保持好氧微生物代谢的酸碱度水平。堆肥发酵一般在 pH 值 6.5 ～ 8.5 进行，且 pH 值为 8 左右时可获得最大堆肥速率；否则，温度上升就会变得迟缓。

第六，含水率。水分为微生物生长所必需的，是影响堆肥的主要因素之一。高效堆肥的最佳含水率为 50% ～ 60%（按质量计）。含水率太高，会使堆体内自由空间减少，通风性差，形成微生物的厌氧发酵，产生 CH_4、H_2S 等恶臭气体，减慢降解速度，延长堆料腐熟时间。含水率太低，则会抑制微生物的生长，有机物分解速率也会降低。当水分含量低于 10% 时，微生物的代谢作用就会普遍停止。堆肥过程的含水率一方面由于有机物的氧化分解产生水分而增加，另一方面由于通风作用以水蒸气的形式挥发而降低，因此堆体中含水率的变化是这两方面因素叠加的结果。而实际上，堆肥物质的含水率还与设备的通风能力和堆肥物质的结构有关系。

第七，粒度。堆肥前需要用到破碎、分选等预处理方法去除粗大垃圾和降低不可堆肥化物质含量，并使堆肥物料达到一定程度的均匀化。颗粒变小，物料表面积增大，便于微生物繁殖，可以促进发酵过程。但颗粒也不能太小，因为要考虑到保持一定程度的孔隙率与透气性能，以便均匀充分地通风供氧，适宜的粒径范围是 10 ~ 60mm，具体的粒度可根据堆肥工艺和产品的性能要求而定。对于静态堆肥，粒径适当增加可以起支撑结构的作用，通过增加物料的孔隙率达到通风的目的。

第八，接种剂。堆料中加入接种剂可以加快堆腐材料的发酵速度。向堆体中加入分解较好的厩肥或加入占原始材料体积 10% ~ 20% 的腐熟堆肥，都能加快发酵速度。

第九，碳磷比（C/P）。磷是磷酸和细胞核的重要组成元素，也是生物能ATP 的重要组成部分，一般要求堆肥原料的碳磷比值在 75 ~ 150 为宜。

（二）厌氧堆肥的原理

厌氧堆肥的原理与废水厌氧消化原理相同，都是在缺氧条件下利用兼性厌氧微生物和专性厌氧微生物进行的一种腐败发酵分解，将大分子有机物降解为小分子的有机酸、腐殖质和二氧化碳、氨气、硫化氢、磷化氢等，其中气、硫化氢、小分子的有机酸及其他还原性产物有令人讨厌的异臭。厌氧堆肥的堆肥温度低（一般为常温），分解不够充分，成品肥中氮素保留较多，但堆制周期长，完全腐熟往往要几个月的时间。传统的农家堆肥就是厌氧堆肥。

厌氧堆肥主要分成两个阶段：第一阶段是产酸阶段。产酸菌将大分子有机物降解为小分子有机酸和醇类等物质，并提供部分能量因子ATP。在此阶段，由于有机酸大量积累，pH 值随之下降，所以也叫酸性发酵阶段，参与的细菌称为产酸细菌。第二阶段为产气阶段。在分解后期，由于所产生的氨的中和作用，pH 值逐渐下降；同时，产甲烷菌开始分解有机酸和醇类，主要产物是甲烷、二氧化碳。随着甲烷菌的繁殖，有机酸被迅速分解，pH 值迅速上升，因此这一阶段也称为碱性发酵阶段。

厌氧过程没有氧分子的参与，酸化过程中产生的能量较少，许多能量保留在有机酸分子中，在甲烷菌作用下以甲烷气体的形式释放出来。厌氧堆肥的特点是反应步骤多，速度慢，周期长。

二、堆肥化处理技术的腐熟度指标

腐熟度就是堆肥腐熟的程度，即堆肥中的有机质经过矿化、腐殖化过程后达到稳定的程度。腐熟度作为衡量堆肥产品的质量指标。

腐熟度的基本含义为：①通过微生物的作用，堆肥的产品要达到稳定化、无害化，即不对环境产生不良影响；②所产生的堆肥产品在使用期间，不能影响作物的生长和土壤的耕作能力。

腐熟度是国际上公认的衡量堆肥反应进行程度的一个概念性参数。国内外对堆肥腐熟度进行大量研究，提出各种评价堆肥腐熟度的指标和方法，腐熟度指标通常可分为物理指标、化学指标、生物指标。

（一）物理指标

1. 堆体温度

堆肥温度的变化反映了堆肥过程中微生物活性的变化，这种变化与堆肥中被氧化分解有机质的含量呈正相关。有机质被微生物降解时会放出热量，使堆体温度升高；有机质被基本降解完后，放出的热量减少，堆体温度与环境温度趋于一致，不再有明显变化。根据堆体温度的变化，可以判断堆肥化进行的程度、堆肥的腐熟状况，但不同堆肥系统的温度变化差别显著，堆体温度往往与通风量大小、热损失的多少有关，且堆体为非均相体系，各个区域的温度分布不均匀，不能很好地反映堆肥化腐熟程度，限制了温度为腐熟定量指标的应用。由于温度测量方便，目前仍是堆肥化过程最常用的检测指标之一。

2. 气味与颜色

堆肥原料通常具有令人不快的气味，在运行良好的堆肥过程中，这种气味逐渐减弱并在堆肥结束后消失。堆肥产品具有潮湿泥土的气息。堆肥过程中物料会逐渐变黑，腐熟后的堆肥产品呈黑褐色或黑色，湿透后呈浓茶色，放置一两天后，表面会有白色或灰色的霉菌长出，而未腐熟的堆肥呈浅褐色。堆肥的气味和色度显然受其原料成分的影响，难以统一色度标准来判断各种堆肥的腐熟度。

3. 光学特性

堆肥腐殖酸在波长 465nm 和 665nm 处具有特征吸收峰值，465nm 和 665nm 的吸光度比值称为 E4/E6 值。该比值与腐殖酸分子的数量无关，而与腐殖酸分子大小和缩合度有直接关系，通常随腐殖酸相对分子质量的增加和缩合度增大而减小，E4/E6 值可作为堆肥腐殖化作用大小的重要指标。

（二）化学指标

物理指标不宜定量说明堆肥的腐熟程度，应通过分析堆肥过程中物料的化学成分或性质的变化来评价堆肥腐熟度。用来表征堆肥腐熟度的化学指标有：碳氮比（C/N）、氮化合物、阳离子交换量（CEC）、有机化合物和腐殖质等。

1. 碳氮比（C/N）

堆肥的固相碳氮比（C/N）值从初始的 25 ~ 30 降低到 15 ~ 20 甚而更低时，认为堆肥达到腐熟。由于初始和最终的 C/N 值相差很大，使得这一参数的广泛应用受到影响。腐熟的堆肥理论上应趋于微生物菌体的 C/N 值，即 16 左右。但对一些原料，如污泥，其本身的 C/N 就不足 15：1。所以，固相 C/N 就不适宜作为评价腐熟度的参数。建议采用 T=（终点 C/N）/（初始 C/N）来评价腐熟度，认为当 T 值小于 0.6 时堆肥达到腐熟。由于堆肥过程是微生物对原料总水溶态有机质进行矿化的过程，通过检测堆肥浸提液中水溶态成分的变化，可以判断堆肥的腐熟程度。完成腐熟的堆肥中水溶态有机质 C/N 值几乎都在 5 ~ 6。但当堆肥原料中含有污泥时，原料中水溶态成分本身的 C/N 值很低，经堆肥后其值反而上升，这时 C/N 值不能作为腐熟度的指标。

2. 氮化合物

随着堆肥化过程进行，氨氮减少，硝氮逐渐增高；完全腐熟的堆肥，氮基本上以硝酸盐形式存在，未腐熟的堆肥则含氨，而基本上不含硝酸盐。因此，通过检测堆肥中氨氮、硝酸盐是否存在及其比例，可以判断堆肥腐熟程度。但是，由于氨浓度变化受温度、pH 值、微生物代谢、通气条件和氮源条件的影响，这一类参数通常只作为堆肥腐熟度的参考，不能作为堆肥腐熟度评价的绝对指标。

3. 阳离子交换量

阳离子交换量（CEC）能作为反映有机质的降解程度，是堆肥的腐殖化程度及新形成有机质的重要指标，可作为评价腐熟度的参数。但是，因为腐殖质各组分和原有机质的多少会影响腐熟堆肥的 CEC 值，因此，CEC 不能作为各类堆肥腐熟的绝对指标。

4. 有机化合物

堆肥过程中有机固体废物的水溶性糖类、淀粉、木质素、纤维素、半纤维素、脂肪类和水溶性酚等物质含量的变化可以指示堆肥中有机质的腐殖化过程，可降解 50% ~ 80%，蔗糖和淀粉的利用率接近 100%。一般而言，淀粉的消失是堆肥腐熟的标志，且它可用定性检测器来检测。完全腐熟的、稳定的堆肥产品，以不能检出淀粉为基本条件，但检不出淀粉不代表堆肥已经腐熟，以有机化合物含量的变化来评价堆肥腐熟度还有待于进一步研究。

5. 腐殖质

在堆肥过程中，原料中的有机质经微生物作用，在降解的同时还进行着腐殖化过程。用 NaOH 提取的腐殖质（HS）可分为胡敏酸（HA）、富里酸（FA）及未腐殖化的组分（NHF）。堆肥开始时一般含油较高的非腐殖质成分及富里酸，较低的胡敏酸，随着堆肥过程的进行，前者保持不变或有所减少，而后者大量产生，成为腐殖质的主要部分。一些腐殖质参数相继被提出，如腐殖化指数（HI）：HI=HA/FA；腐殖化率（HR）：HR=HA/（FA+NHF）；胡敏酸的百分含量（HP）：HP=HA×100/HS。HI 和 HP 与 C/N 有很好的相关性。

（三）生物指标

1. 比耗氧速率

SOUR 即比耗氧速率，能反映堆肥微生物的活性变化，被认为是表征堆肥腐熟度的一个良好的参数。SOUR 既可以指示堆肥中微生物的存在和活性，也可以反映堆体中可降解有机物的量。

2. 酶学分析

堆肥过程中，多种氧化还原酶和水解酶与碳、氮、磷等基础物质代谢密切相关。分析相关的酶活力，可间接反映微生物的代谢活性和酶特定底物的变化情况。有研究者分析了污泥堆肥中脲酶、蛋白酶、磷酸酶、脱氢酶的活性变化，结果表明：水解酶的较高活性反映了堆肥的降解代谢过程，较低活性时反映堆肥达到了腐熟。

3. 微生物种类

堆肥中微生物种类和数量的变化，也是反映堆肥代谢过程的依据。随着堆肥温度的变化，堆肥中优势菌种的种类也在不断变化。堆肥代谢初期，嗜温菌活动频繁，大量繁殖，分解糖类、淀粉等易降解有机物，放出大量热量，温度继续升高；到了堆肥的高温期，嗜温菌取代中温菌成为优势菌种，分解纤维素、半纤维素等物质，大量的寄生虫、病原菌在这一阶段被杀死，腐殖质开始形成；之后，随着有机物的减少，微生物代谢活动减弱，堆体温度慢慢下降，此时堆体中以放线菌为主。当然，堆肥中微生物群落中某种微生物存在与否及其数量的多少并不能指示堆肥的腐熟度，但是在整个过程中微生物群落的交互演替却能很好地指示堆肥的腐熟度。

4. 种子发芽指数

由于堆肥产品最终要在农业生产中施用，未腐熟的堆肥含有植物毒性物质，对植物的生长产生抑制作用，而腐熟的堆肥则对植物的生长有促进作用。因此，对堆肥产品进行种子发芽率测试很有必要。

当种子发芽指数（GI）> 50% 时，认为堆肥基本腐熟并达到了可接受的程度；当 GI 达到或超过 80% 时，堆肥完全腐熟。种子发芽指数被认为是评价堆肥腐熟最具有说服力的指标，但不同植物种类对植物毒性的承受能力和适应性存在很大差异。因此，结合当地的具体植物进行相应的种子发芽试验更为可靠。种子发芽指数不受堆肥物料的影响，而且操作和测定非常简单，可作为堆肥腐熟评价的推荐指标。

三、堆肥化处理技术的具体作用

利用污水处理厂污泥进行堆肥，既节约能源，又能有效合理地利用资源，从而确定了该项污泥处理工艺的重要地位。

（一）改善土壤的结构

我国中低产耕地土壤如盐碱土、沙板土、酸毒土等，大多数是耕层薄、结构差的土壤。有机肥料是最好的土壤结构改良剂，通过有机肥料与土壤的相融，有机胶体与土壤矿质黏粒复合，可以促进土壤团粒结构的形成，从而改善土壤理化性质。由于堆肥增加了土壤有机质，增多了毛管空隙，改善了非毛管空隙与毛管空隙的比例，为形成合理的固、液、气三相比创造了条件。

改土的生产实践证明，有些中低产田如质地黏重的胶泥田，养分含量并不见得低，但土壤生产力由于受不良结构制约，施用有机肥料后，土壤腐殖质得到补充和更新，改变了土壤胶体的性质，土壤干燥过程中板结紧实程度降低，单位体积内的土壤重量减轻，土壤的孔隙度提高，相应地改善了通透性能，调节了土壤的水、肥、气、热比例，土壤性能变好，作物产量也得以提高。

（二）增加土壤的养分

有机肥料含有作物生长必需的养分，而且各有机肥料品种所含养分各有特点：粪尿类含氮、磷比较丰富；多数秸秆和绿肥含钾较多；并且有机肥料中含有各种微量营养元素，如硼、锰、铜、锌等。有机肥料中的养分有两个重要特点：一是有机质吸附量大，许多养分不易流失；二是有机肥料养分齐全，易分解，其所含营养元素的含量和配比很适合作物吸收利用。施用有机肥不但可以补充土壤养分，同时从养分循环的角度看，还可以使作物从土壤中吸收的营养元素得到再生，减少土壤养分的亏缺。

（三）增强作物抗逆性

有机肥料能改善土壤结构，增强土壤蓄水、保水能力，减少水分的无效蒸发，提高保温效果，从而提高了作物抗旱、抗寒、脱盐耐盐和抗冻能力使其在恶劣的气候条件下，能较好地保持其内在和外观品质。施用有机肥提高土壤微生物的活性，促进作物健壮生长，提高其抗病性。并且有机肥养分齐全，在作物生长发育期间协调供应常量元素和微量元素，避免了作物因缺乏某种元素而引起的病害，从而改善了作物品质。

粉煤灰的良好理化性能，使之能广泛应用于农业生产。可用于改造重黏土、生土、酸性土和碱盐土，弥补其黏、酸、板、瘦的缺陷。上述土壤掺入粉煤灰后，容重降低，孔隙度增加，透水与通气得到明显改善，酸性得到中和，团粒结构得到改善，并具有抑制盐、碱作用，从而利于微生物生长繁殖，加速有机物的分解，提高土壤的有效养分含量和保温保水能力，增强了作物的防病抗旱能力。

粉煤灰含有大量的可溶性硅、钙、镁、磷等农作物必需的营养元素。当含有较高可溶性钙镁时，可作为改良酸性土壤的钙镁肥；当含有大量可溶性硅时，可作为硅肥；若含磷量较低时，也可适当添加磷矿石等，经焙烧、研磨，制成钙镁磷肥；添加适量石灰石、钾长石、煤粉等，经焙烧研制可成硅钾肥。此外，粉煤灰含有大量二氧化硅、氧化钙、氧化镁及少量五氧化二磷、硼、锌、硫、铁、钼等有用成分，因而也被用作复合微量元素肥料。

赤泥是制铝工业从铝土矿中提取氧化铝后的弃渣，因含有氧化铁，表面呈赤色泥状，故称"赤泥"。赤泥为强碱性残渣，属有害渣。赤泥中除含有较高的硅钙成分外，还含有农作物生长必需的多种元素，用赤泥生产的碱性复合硅钙肥料，可以促进农作物生长，增强农作物的抗病能力，降低土壤酸性,提高农作物产量,改善粮食品质,在酸性、中性、微碱性土壤中均可用作基肥,特别是对南方酸性土壤更为合适。

四、堆肥化处理技术的工艺运用

(一)堆肥工艺参数与质量要求

第一,堆肥工艺参数。堆肥工艺参数包括一次发酵和二次发酵工艺参数。①一次发酵主要参数:含水率45%～60%,碳氮比值25～35,温度55～65℃,周期3～10d。②二次发酵工艺参数:含水率低于40%,温度低于40℃,周期30～40d。

第二,堆肥质量标准。堆肥质量标准包括一次发酵终止指标和二次发酵终止指标。①一次发酵终止指标:无恶臭,容积减量25%～30%,水分去除率10%,碳氮比值15～20。②二次发酵终止指标:堆肥充分腐熟,含水率小于35%,碳氮比值小于20,堆肥粒度小于10mm。

(二)堆肥化处理的方法及设备

1.堆肥化处理的方法

下面以好氧堆肥为例,探讨堆肥化处理的方法。好氧堆肥方法有间歇式和连续式两种。

(1)间歇式好氧堆肥方法。

第一,间歇式好氧静态堆肥工艺。间歇式好氧静态堆肥常采用露天的静态强制通风垛形式,或在密闭的发酵池、发酵箱、静态发酵仓内进行。一些原料堆积成条垛或置于发酵装置内后,不再添加新料和翻倒,直到堆肥腐熟后运出。但由于堆肥物料一直处于静止状态,导致物料及微生物生长的不均匀性,尤其对有机质含量高于50%的物料,静态堆肥通风较困难,易造成厌氧状态,使得发酵周期延长。

好氧静态堆肥的一次发酵时间一般为21～28d,随后将堆肥破解、筛分,再转移到二次发酵区,有时需要进一步强化干燥,使用强于活性堆肥阶段的曝气量,二次发酵以后继续筛分,堆肥在二次发酵区至少停留30d以进一步稳定物料。

第二,间歇式好氧动态堆肥工艺。间歇式堆肥法又称野积式堆肥法,是我国长期以来沿用的一种方法。该方法是把新收集的垃圾、粪便、污泥等废物混合分批堆积。有的城市用单一的垃圾作为原料，经过堆积生产垃圾肥，一批废物堆积之后不再添加新物料，让其中的微生物参与生物化学反应，使废物转变为腐殖土样的产物，然后外运。前期一次发酵大约需要 5 周，1 周需要翻动 1 ~ 2 次，然后再经过 6 ~ 10 周熟化稳定、二次发酵，全程需要 30 ~ 90d。该方法要求场地坚实、不渗水，其面积需能满足处理所在城市废物排量的需要。

间歇式堆肥法首先对堆肥原料进行前处理，然后根据其含水率和碳氮比确定原料配比。我国一般采用 70% ~ 80% 的垃圾与 20% ~ 30% 的稀粪配比。

（2）连续式好氧堆肥方法。

连续式堆肥采取连续进料和连续出料的方式，原料在一个专设的发酵装置内完成中温和高温发酵过程。此系统的物料处于一种连续翻动的动态情况下，物料组分混合均匀，为传质和传热创造良好的条件，加快有机物的降解速率，同时容易形成空隙，便于水分蒸发，因而使发酵周期缩短，可有效地杀灭病原微生物，并可防止异味的产生，是一种发酵时间更短的动态二次发酵工艺。连续式堆肥可有效地处理高有机质含量的原料，因此在一些国家被广泛采用，如 DANO 回转窑式（滚筒式）发酵器、桨叶立式发酵器等。

2. 堆肥化处理的设备

作为一个完整的堆肥系统，高速机械化堆肥需要生产出符合相应卫生学指标与环境学指标的堆肥产品，其中堆肥发酵设备是实现整个机械化生产的关键，而相应的辅助机械与设施也必不可少。堆肥化系统设备依据功能的不同通常可大致分为计量设备、进料供料设备、预处理设备、发酵设备、后处理设备及其他辅助处理设备。

（1）计量设备。计量设备通过计量荷载台上每辆收运车的质量来计量荷载台上卸下的固体废物质量。安装计量设备是为了控制处理设施的废物进料量、堆肥场输出的堆肥量以及回收的有用物和残渣。通常情况下，计量设备采用地磅秤。

（2）进料供料设备。堆肥的进料供料设备包括贮料装置和给料装置。

在堆肥场实际运行中，为临时贮存将送入处理设施中的固体废物，以保证能均匀地将物料送入处理设施，以及为防止当进料速度高于生产速度或因机械故障、短期停产而造成物料堆积，在进入发酵设备前必须为待处理的物料同时配备贮料装置。根据所应用堆肥厂生产规模的大小，贮料装置分为存料区和贮料池两种类型。对于日处理量在 20t 以上规模的堆肥场，必须设置存料区；而低于 20t 日处理量的则采用贮料池。

待处理的物料由存料区或贮料池送入处理设施，必须通过给料装置来完成。常用的给料装置有起重机抓斗、板式给料机、前端斗式装载机等三类。

起重机抓斗的基本形式分为钢索式抓斗和油压式抓斗两种。出于现场的实用需求和造价成本的考虑，钢索式抓斗已经逐渐被油压式抓斗所取代。

板式给料机供料均匀，供料量可调整，承受压力大。但是板式给料机供料仓容积有限，贮料池不会很大，因此在贮料池或存料区采用板式给料机给料时，必须设置进料装置，如起重机抓斗或前端斗式装载机。

前端斗式装载机除可完成给料工作外，还可用于造堆、运输装车等多种用途，其生产力较高，但造价高、易出故障、运行费用高。

（3）预处理设备。预处理设备包括运输与传送设备、破碎设备、分选设备、混合设备等。

堆肥场的运输与传送设备是堆肥厂内用于提升、搬运物料的机械设备。它用于新鲜垃圾、中间物料、堆肥产品和二次废弃物残渣的搬运等。堆肥场常用的运输和传送装置有起重机械、链板输送机、皮带输送机、斗式提升机、螺旋输送机等。

堆肥对物料的粒度通常有一定要求，而固体废物的粒度通常并不能直接满足堆肥工艺的需要，必须通过破碎工艺来予以保证。破碎时利用人力或机械等外力克服固体废物内部质点间的凝聚力和分子间作用力而使固体废物经破碎等达到均一颗粒，从而使固体废物中有机物的表面积增加以促进有机物的好氧分解，缩短堆肥发酵时间，同时也初步保证了堆肥产品的粒度要求。常用破碎设备包括冲击磨、剪切式破碎机、冲击式破碎机、低温破碎机、槽式粉碎机、水平旋转磨和切割机。

分选的目的是将堆肥物料中可回收利用的部分和不利于后续处理工艺要求的部分分离出来。分选设备可分为筛选设备、风选设备和磁选设备。

为保证可堆肥物料有机质含量、水分、孔隙、碳氮比等因素的最佳组成，且发酵前物料必须充分地混合搅拌，所以处理系统中需要配有混合系统。混合设备在必要时是用来暂时贮存可堆肥物料的。

（4）发酵设备。堆肥发酵装置是堆肥处理工艺的核心，目前采用比较多的是高温好氧堆肥。各种方法的目的都是使废物达到无害化，经充分腐熟，作肥料使用。在实际工作中，各种方法的选择由废物的组成和地方的投资能力决定。

成功的发酵装置和堆肥化系统，其关键是能够向微生物提供生存和繁殖的良好条件。要堆制好的肥料，就必须把握好微生物、堆肥物质和发酵设备之间的关系。因此，为了使微生物的新陈代谢旺盛，保持微生物生长的最佳环境，以及促进发酵顺利进行，设计出结构合理、造价低廉的发酵装置是极为重要的。

堆肥发酵装置通常是指物料进行生化反应的反应器装置，是堆肥系统的主要组成部分。它的类型有多层立式堆肥发酵塔、卧式堆肥发酵滚筒、条垛式发酵设备、筒仓式堆肥发酵仓和箱式堆肥发酵池等。

（5）后处理设备。为了提高堆肥产品的质量，精化堆肥产品，物料经二次发酵后，必须除去杂质。净化后的散装堆肥产品，既可以直接销售给用户，施用于农田、菜园、果园或作为土壤改良剂，也可以根据土壤的情况、用户的需求，在散装堆肥中加入氮、磷、钾等营养元素后制成有机、无机复合肥，做成袋装成品，既便于运输，也便于贮存，而且肥效更佳。后处理设备包括分选、研磨、压实造粒和打包装袋等设备。

（6）其他辅助设备。堆肥化系统中不管是工艺过程还是设备的运转过程均会产生二次污染，如臭气、污水、灰尘、噪声、振动等。在堆肥化系统的设计过程及实际工程中，都必须采用应有的措施防止二次污染的产生。

（三）好氧堆肥的工艺运用

传统的堆肥化技术采用厌氧的野外堆积法，使用这种方法占地面积大，时间长。现代化的堆肥生产一般采用好氧堆肥工艺，它通常由前处理、主发酵（一次发酵）、后发酵（二次发酵）、后处理、脱臭及贮存等工序组成。

1. 前处理

在以家畜粪尿、污泥等为堆肥原料时，前处理的主要任务是调整水分和碳氮比，或者添加菌种和酶制剂。但以生活垃圾为堆肥原料时，由于垃圾中含有大块的和非堆肥物质，因此有破碎和分选前处理工艺。通过破碎和分选，去除非堆肥物质，调整垃圾的粒径。一般而言，适宜的粒径范围是12～60mm，最佳粒径随固体废物物理特性的变化而变化。

降低水分、增加通透性、调整碳氮比的主要方法是添加有机调理剂和膨胀剂。调理剂是指添加到堆肥化物料的有机物，借以减少单位体积的质量并增加与空气的接触面积，以利于好氧发酵，也可以增加物料中有机物量。理想的调理剂是干燥的、较轻而易分解的物料。常用的有木屑、稻壳、禾秆、树叶等。膨胀剂是指有机的或无机的三维固体颗粒，当把它加入湿堆肥化物料中时，能有足够的尺寸保证物料与空气的充分接触，并能依靠颗粒间接触起到支撑作用。普遍使用的膨胀剂是干木屑、花生壳、小块岩石等物质。

2. 主发酵

主发酵可在露天或发酵装置内进行，通过翻堆或强制通风向堆积层或发酵装置内供给氧气。在露天堆肥或发酵装置内进行堆肥时，由于原料和土壤中存在微生物作用，开始发酵，首先是易分解的物质分解，产生二氧化碳和水，同时产生热量，使得堆肥温度上升。微生物吸取有机物的碳氮营养成分，在细菌自身繁殖的同时，将细胞中吸收的物质分解成二氧化碳和水而产生热量。

发酵初期物质的分解是靠嗜温菌（生长繁殖最适宜温度为 30 ～ 40℃）进行的。随着堆肥温度的升高，嗜热菌（最适宜温度为 45 ～ 65℃）取代了嗜温菌，能进行高效率的分解。氧的供应情况与保温的良好情况对堆料的温度上升有很大影响。通常将温度升高到开始降低为止的阶段，称为主发酵期，以城市生活垃圾为主体的城市固体废物好氧堆肥化的主发酵期为 4 ～ 12d。

3. 后发酵

经过主发酵单元的半成品被送到后发酵单元。在主发酵工序尚未分解的易分解及难分解的有机物可能全部分解，变成腐殖酸、氨基酸等比较稳定的有机物，得到完全成熟的堆肥成品。通常，后发酵阶段的物料堆积成 1 ～ 2m 高的堆层，通过自然通风和间歇性翻堆，进行敞开式后发酵，此时要有防止雨水的设施。后发酵时间的长短，取决于堆肥的使用情况，通常在 20d 以上。

4. 后处理

经过二次发酵后的物料中，几乎所有的有机物都变细碎和变形，数量也减少。然而，在城市固体废物发酵堆肥时，在前处理工序中没有完全去除的塑料、玻璃、陶瓷、金属、小石块等杂物依然存在，因此，还要经过一道分选工序来去除杂物，可以用回转式振动筛、振动式回转筛、磁选机、风选机、质性分离机、硬度差分离机等预处理设备分离去除上述杂质，并根据需要（如生产精制堆肥）进行再破碎。

5. 脱臭

部分堆肥工艺和堆肥物在堆制过程和结束后，会产生臭味，必须进行脱臭处理。去除臭气的方法有化学除臭剂除臭，碱水和水溶液过滤，熟堆肥或活性炭、沸石等吸附剂过滤。在露天堆肥时，可在堆肥表面覆盖熟堆肥，以防止臭气逸出。堆肥场中较为实用的除臭装置是堆肥过滤器（堆高为0.8～1.2m），当臭气通过该装置时，恶臭成分被熟化后的堆肥吸附，进而被其中的好氧微生物分解而脱臭，也可用特种土壤代替堆肥使用，这种过滤器叫作土壤脱臭过滤器。

6. 贮存

堆肥的供应期多半集中在秋天和春天（中间隔半年），因此一般的堆肥化工厂有必要设置至少能容纳6个月产量的贮藏设备。贮存方式可直接堆存在二次发酵仓内，或袋装后存放。加工、造粒、包装可在贮藏前，也可在贮存后销售前进行，要求包装袋干燥且透气，如果密闭和受潮会影响堆肥产品的质量。

第五章 工业固体废物的填埋处置

第一节 填埋场的功能与组成

一、填埋场的功能解读

"作为一种专门的固体废物工程处置设施，填埋场的作用是贮存固体废物并将其隔离以使其对人体健康和生态环境的影响降到最低"[①]。

固体废物填埋场的目的只有一个，就是保护生活环境和自然环境，防止固体废物产生的各种可能的环境污染。填埋场的作用大致分为三类，即贮留废物，隔断废物与外界环境的水力联系，以及水、气和废物本身的处理。但是作为危险废物填埋场，由于一般尽量避免在填埋层中发生任何反应，尽量避免产生水、气等二次污染物，所以对于危险废物填埋场一般不会考虑其处理的功能。

废物填埋场的贮留机能比较容易理解，即利用自然地形或人工修筑形成一定的空间，将一定量的废物贮留在内，待空间充满后封闭，恢复这一地区的原貌。这是固体废物填埋场的基本功能，但不是主要功能，随着技术的进步和环境保护要求的提高，这一功能在整个功能中所占的比重越来越小。

隔水是填埋场的主要功能。一方面，要防止废物本身所带水分和降水与废物接触产生的渗滤液对地下水和地面水的污染，必须将渗滤液与外界的联系切断，同时收集后引出处理，这就要求填埋场必须设有防渗层、渗滤液集排水系统；另一方面，要防止外界降水和地表径流、地下水进入填埋场，以减少渗滤液的产生，这就要求填埋场还要有必要的场内雨水集排水系统、周

---

① 王琪. 工业固体废物处理及回收利用 [M]. 北京：中国环境科学出版社，2006：227.

边雨水（洪水）排泄系统、地下水集排水系统和每日封闭系统、封顶层，或者必要的运行遮雨设施等。

危险废物与一般工业废物、生活垃圾相比，具有危害大而且危险特性稳定的特点。特别是进入填埋场的危险废物一般具有无机有害成分，在废物中一般不会发生降解或蜕变，所以在理论上危险废物填埋场中危险废物对环境的威胁将是永久存在的，不会存在城市生活垃圾填埋场所具有的稳定期的概念。因此，危险废物填埋场将是各种类型填埋场中防护要求最高的。

一般危险废物填埋场对于废物污染的防护具有三道屏障：一是废物本身。一般在废物入场之前，需要根据废物的特性进行预处理，使其达到入场标准后才能进入填埋场。预处理包括废物脱水、稳定化或固化、解毒等工艺。预处理的目的就是降低废物的毒性，减少废物对环境的威胁。二是人工屏障。通过工程措施，将废物与环境完全隔离，包括铺设防渗衬层、渗滤液收集处理、降水和地下水的控制等。这样在隔离空间内危险废物将不会（至少在一定时期内不会）造成对环境的威胁。三是自然屏障。通过选址，选择有利于阻碍污染物质扩散的地质条件，使得在事故或者灾害条件下发生填埋场中污染物质渗漏时阻滞其扩散，特别是向水环境的扩散。这样，通过三道屏障，就可以将废物对环境的威胁降到最低。

二、填埋场的基本组成

填埋场一般的组成部分包括贮留构筑物、防渗衬层系统、渗滤液控制系统、入场道路和管理设施。渗滤液控制系统又分为渗滤液收集与排出系统、渗滤液处理系统、雨水集排水系统和地下水集排水系统。管理设施还包括地下水与渗滤液监测系统。这些组成部分对于发挥填埋场的各个功能是必需的。

第二节　填埋场总体规划及场址选择

一、填埋场的总体规划

固体废物填埋场规划是在地区环境保护总体规划的基础上，根据区域固体废物处置规划制定的（企业自行建设的填埋场则根据企业固体废物处置规划制定）。填埋场规划的整个实施过程分为规划、设计和运行管理三个阶段，具体如图5-1所示。在规划时要综合考虑各个具体的实施步骤。因此，在制定填埋场规划时，必须充分考虑到下列规划和调查内容：地区环境保护和工业总体规划；区域危险废物处置规划；环境影响评价；环境保护对策；环境监测结果；场址恢复计划；其他。

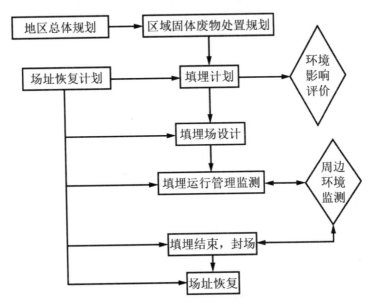

图 5-1　固体废物填埋场规划在填埋场建设过程中的具体位置

填埋场规划主要内容包括填埋场选址、计划填埋容量、计划填埋年限和场址恢复计划。

填埋场场址必须满足地区的环境保护和工业总体规划，满足选址和土工设计标准，另外还要获得公众的接受，这一点非常重要。通常要列出满足所要求条件的可能的场址名单。一般是在地图上以危险废物产生区域为圆心，以经济运输距离为半径，画出"寻找区域"。如果在这个"寻找区域"内无法找到适宜的填埋场场址，可以适当加大"寻找区域"的半径。

二、填埋场的场址选择

（一）场址的确定条件

场址的确定是一个复杂的过程。通常确定场址的目的是保护当地地下水和周围环境。由于填埋场的投资和工程量均是巨大的，在发现场址选择错误而出现对环境造成污染时，一般难以放弃旧场址而重新选择新场址。对污染场址的恢复也需要巨大的投资，而且也不能保证能达到预期的效果。因此，选择一个适宜的场址就显得尤为重要。

1. 有效的运输距离

通常不宜将场址选择在远离废物产生的地区，因为这将增加运输费用，也就是增加废物的处置费用。但是与生活垃圾相比，危险废物环境污染风险要高，处置费用也高，所以废物的运输费用在整个处置费用中所占的比例也就相应要低。因此，危险废物的有效收集半径也就可以比生活垃圾的有效收集半径大。一般将危险废物处置的经济运输距离定为 50km，即由废物产生地到填埋场的运输距离不宜超过 50km。但是，对于一些专用废物填埋场，以及区域性集中填埋场，由于需要在本区域内乃至全国收集废物，所以一般运输距离要长。这时在填埋场规划时主要考虑废物的主要产生地。

废物的运输一般采用公路汽车运输，但是在有条件时也可以考虑采用铁路和水路运输，但是无论采用何种运输方式，都必须进行环境风险评价，必需配置必要的事故应急设施、措施和应急计划。

2. 法规要求

选择场址时，应该对国家和地区的有关法规进行详尽的研究。比如，法律禁止在水源保护地、各种自然保护区（如森林保护区、濒危生物保护区、动物保护区等生态保护区）、农业保护区、文物保护区内修建填埋场。在场址选择之前，要尽可能地收集与此有关的各种法规文件，详细地阅读并研究其对填埋场场址选择的影响。有时填埋场的所在地与填埋场拥有者不属于同一个地区，这时更应该对两个地区（填埋场所在地和拥有者所在地）的法规进行研究，以避免产生问题。

3. 场址周边条件

填埋场应该与周围环境尽可能地协调、融洽。首先，填埋场不应该对周围的环境（包括自然环境和周围居民的生活环境）造成破坏。如果建设填埋场对周围河流可能造成污染、气味可能使附近居民反感、洪水可能冲毁堤坝使废物扩散等，就需要对填埋场场址重新评价，如果可能就要重新选择场址；其次，填埋场的存在不应干扰这一地区内原有设施的正常运行；最后，填埋场应尽可能地远离人们的视线，远离交通要道、高速公路。否则，就必须用树木或围墙作屏障。

在填埋场运行期间,废物装运车不可避免地要通过公路,而废物的运输会使沿途居民和道路上的人们在心理上感到反感,甚至影响他们的正常生活。尤其危险废物运输存在着一定的污染风险,如果穿越人口稠密地区和交通繁忙道路会增加这一风险。因此,在选择填埋场场址时,要考虑尽可能不要让废物运输路线穿越人口稠密的村镇和交通繁忙的道路,以减少运输污染风险和不影响废物填埋装置的正常运行。

实际上,由于 NIMBY(Not In My Back Yard,不要放在我的后院)①思潮的影响,填埋场周围居民和运输沿线居民的态度往往是危险废物填埋场建设的重要影响因素,有时甚至会成为决定因素。特别是在一些经济比较发达的地区,同时又不能要求普通居民对危险废物和填埋技术有深刻的了解,场址周围居民往往会激烈反对填埋场的建设。而在其他地区虽然暂时没有出现明显的反对迹象,但是随着填埋场的运行和居民对危险废物影响的认识,也可能会出现反对的情绪和行动,这会严重影响填埋场的运行。因此,在规划和选址阶段必须考虑填埋场建设对居民心理的影响,尽量减少这一心理因素对填埋场建设和运行的影响。另外,填埋场场址的选择还应该充分考虑电力、通信、供水、交通等基础设施的状况;否则,将会使填埋场的建设费用增加或者使填埋场的运行增加困难。

4. 地形地质条件

地形条件制约着填埋场的填埋容量和建设工程量。山谷型填埋场就是利用了山谷的天然容积,使建设工程量相对减少;沟塘型填埋场则更是充分利用了天然或人工形成的空间来充填废物。另外,自然地形也严重制约着填埋场场址的选择范围。比如,在河网地区和湿地,一般是不能建设填埋场的;在低洼地区,也要考虑洪水淹没的可能。因此,在填埋场选址之初,必须有一张比例适宜的准确地形图。

地质条件对于填埋场的建设非常重要。填埋场应该避开地质断裂带、坍塌地带、地下溶洞(喀斯特地貌),以防止废物渗滤液对地下水的污染风险;

---

① NIMBY 可翻译为"邻避症候群",是指强烈反对在自己住处附近设立任何有危险性、不好看或有其他不宜情形之事物。通常在以下情境中出现,即一件事、一个方案正处于酝酿之中,通常这种事会得到许多人的广泛支持,同时他们也认可这是为了大家的利益;然而,当这件事可能会影响到他们的个人利益时,他们则会断然反对。

应该尽量选择有较厚的低渗透率土层和地下水位低的地区，以降低防渗工程的费用和减轻填埋场对环境的压力；应尽量避开软土地基和可能产生地基沉降的地区，以防止在填满废物后由于重力作用造成填埋层沉降，进而破坏防渗衬层，造成废物渗滤液渗漏污染地下水。

5. 地区发展计划

填埋场的建设必须与地区的发展协调一致。一方面，固体废物填埋场的规划与建设要充分考虑到由于地区经济结构调整和工业发展而使废物产生量和废物性质的变化；另一方面，场址的确定要考虑场址周围地区的社会、经济、文化的发展，以防止填埋场在运行期和封场后成为这些发展的阻碍。因此，在填埋场规划、选址和设计时必须对所在地区的发展计划有充分、深入的了解，并对将来的发展作出合理的预测。

（二）场址的确定标准

要完整地叙述出填埋场的选址标准是很困难的，因为地区之间的差异实在是太大了。此处根据国家标准和国际上一些通行的标准，给出有关填埋场与居民区、湖泊、河流、湿地等区域的关系标准，供填埋场选址时参考。一般填埋场的选址应该满足这些标准。如果所选场址难以满足这些标准，那么要在环境影响评价中给予必要的说明和合理的评价，同时必须得到环境保护主管部门的批准。

第一，居民区。危险废物填埋场场界应位于居民区 800m 以外，并保证在当地气象条件下对附近居民区大气环境不产生影响。这主要是考虑固体废物填埋作业时可能产生的气体对居民生活的影响，同时也考虑了填埋场对附近居民心理的影响。国家标准要求在填埋场周围设置 10m 宽的绿化带，其目的也是如此。

第二，湖泊和池塘。国家标准要求填埋场址建在地表水域 150m 以外。但是填埋场一般不能建在距可航行的湖泊 300m 之内。这主要考虑到废物可能产生渗滤液，与渗出的危险和湖泊、池塘水置换时间较长，如造成污染将很难补救。另外，要建立完善的地表水监测体系，监视地表水水质发生的任何变化，发现填埋场可能的破坏。

第三，河流。根据国家标准，填埋场不能建在距河流 150m 之内。

第四，洪水区。在百年一遇的洪水标高线以下不能建设填埋场，同时在长远规划中的水库等人工蓄水设施淹没区和保护区之内也不能建设填埋场。

第五，高速公路。填埋场应该建在距高速公路或国家干道公路 300m 以外的地方。这主要是从视觉角度考虑的。如果有树木或其他屏障保证在公路上看不到填埋场的话，也可以建在这个范围内。

第六，湿地。在湿地和低洼汇水区内不能建设填埋场。湿地的确定是很困难的，不能完全依靠地图，应该进行必要的实地勘察。

第七，地下水补给区和水源地。地下水补给区（集中供水井上游）和饮用水源保护区、供水远景规划区内不能建设填埋场。距水源取水点（水井）距离要在 400m 以上。应该建立完善的地下水监测体系，充分保护地下水。

第八，公园。在自然保护区、风景名胜区和文物保护区内不能建设填埋场。距公园 300m 范围内不能建设填埋场。这同高速公路一样，主要也是考虑视觉美观和游人心理影响因素。同样，如果有树木或其他屏障的话，也可以建在这个范围内。但是填埋场应该设有防护网或防护墙、安全门，防止无关人员进入。

第九，机场。填埋场不能建在距飞机场和军事基地 3000m 范围内。这是参考生活垃圾填埋场的选址标准而定的。生活垃圾填埋场的这一标准的目的是避免鸟类对飞机飞行安全的威胁。一般而言，垃圾中会有大量食物，会吸引许多鸟类，而鸟类对机场的干扰是非常让人头痛的。但是危险废物填埋场一般不会出现这种情况。

第十，濒危生物生殖区。在濒危生物生殖区内不能建设填埋场。有时很难确定这一地区，有必要与生物保护主管部门协调解决这一问题。

第十一，其他。在破坏性地震及活动构造区；海啸及涌浪影响区；湿地和低洼汇水处；地应力高度集中，地面抬升或沉降速率快的地区；石灰岩溶洞发育带；废弃矿区或塌陷区；崩塌、岩堆、滑坡区；山洪、泥石流地区；活动沙丘区；尚未稳定的冲积扇及冲沟地区；活动的坍塌地带、断裂带、石灰坑、溶洞地区；高压缩性淤泥、泥炭及软土区以及其他可能危及填埋场安全的区域。在地下蕴矿带也不能建设填埋场，以防止给将来的开采带来麻烦。

另外，在选址时还要考虑填埋场建设时的工程要求。在场址或其附近应该有充足的黏土资源以满足构筑防渗层的需要；地下水位应该在不透水层 3m 以下；天然地层岩性相对均匀，渗透率低；地质结构相对简单、稳定，没有断层等。

（三）场址的确定步骤

填埋场址的确定在填埋场的建设中是最重要的步骤。选择一个好的场址将会收到事半功倍的效果。因此，在填埋场的建设周期内，选址应该占一半以上的时间。

首先，应该根据有效的运输距离确定选址区域。在这个区域内，根据法规、已确定的选址标准、城市发展规划、地形地貌、已知的地质条件等选出可能场址。其次，与当地有关主管部门（土地、规划等）讨论这些可能场址名单。最后，还要充分考虑公众的反应。根据这些讨论、调查排除掉那些不可能的或有可能遇到较大麻烦的场址，提出初选场址名单。这一名单至少应该包括 3 个场址。对初选场址进行必要的土工、地质调查，然后分别由相关专家做出有关包括地质、技术、经济、社会等方面因素的评价。这一评价如果是量化的评分，在评分之前需要确定评价因子、评分标准和加权系数。根据评价结果排出初选场址的评价顺序。将评价顺序靠后的场址排除掉，选出 1 ~ 3 个场址作为备选场址。

对备选场址进行初步勘探，提出选址报告，提交政府主管部门决策。选址报告应该包括场址水文地质调查、填埋场建设所需材料资源调查、环境影响评价以及填埋场规划等必要的可行性研究内容。根据这一报告，有关决策部门在专家论证的基础上，最终确定填埋场场址。

目前，填埋场选址还难以做到这一步骤，但是应该遵循科学的实事求是的态度，使填埋场的选址过程科学化、合理化，避免长官意志、地区或部门利益左右选址结果，以保证环境效益和社会效益、经济效益的合理结合。

第三节　填埋场防渗系统与建设施工

一、填埋场的防渗系统构建

一般而言，固体废物渗滤液中污染物质甚至有毒物质含量都很高，如果进入环境，将会严重污染环境，导致难以挽回的后果。因此，填埋场的一个重要作用就是阻断渗滤液（固体废物）同环境的联系。阻断的方法之一是阻断水在填埋场内外的流动通道，如用衬层来防止渗滤液进入自然水体和用防雨设施和覆盖层来防止降水进入填埋场；二是用管道排出的方法来防止渗滤液污染环境，如将渗滤液用管道排出处理，将雨水和地下水在与废物接触之前排出填埋场以防止渗滤液的产生。两种方法往往同时采用，在填埋处置中具有同等的作用。

（一）渗滤液控制系统构建

在生活垃圾填埋场中，渗滤液控制系统除了传统的集排水功能（即渗滤液量的控制功能）外，还可以具有其他的功能。如果设计恰当，对其他功能进行适当强化，则既可加强填埋场的安全程度，又可以降低成本造价，加速场地的再利用。但是在危险废物填埋场中，集排水功能即渗滤液量的控制功能是系统的主要功能。因为在危险废物填埋场中，一般不允许出现各种化学或生化反应，所以废物处理和渗滤液水质控制功能一般无法得到发挥，所以在设计时不考虑这些功能。

根据达西定律[①]，防止渗滤液渗漏进入周围环境，即将 q 值减少至容许值内的方法有三种：①选用渗透系数小的材料作为衬层（降低 K 值）；②尽量减少以致不产生水头差（降低 H 值）；③增加衬层厚度（加大 L 值）。关于①和③，一般通过衬层设计来解决，即通过低渗透性材料（如 PVC、HDPE 等高分子聚合材料和压实黏土）一定厚度的组合来完成这一作用。而关于②，即不使渗滤液在填埋场内贮留形成液位差的对策，则是通过渗滤液控制系统的适当的设计、施工和维护来完成的。因此，这一系统同隔水衬层系统有互补作用。而实际上，在衬层出现破损时，所采用的应急措施之一就是加快渗滤液的排出量。从这个意义上讲，渗滤液控制系统在填埋场中具有特殊的重要地位。

减少以致消除填埋场内液位差的方法：一是防止雨水地下水进入填埋场（雨水、地下水集排水系统）；二是及时顺畅地排出场内渗滤液（渗滤液集排水系统）。两个方面构成这一系统的完整功能。

渗滤液控制系统同时还应具备一定的填埋场渗漏检测功能。当填埋场内渗滤液量明显增多，有可能使封顶层中的隔水破损，出现降水的渗漏；当地下水排水系统中排水的水质恶化，有可能是衬层破损，渗滤液进入地下水。发生这些情况时，应进一步探测出破损部位，并采取相应的补救措施。应在

---

① 达西定律是反映水在岩土孔隙中渗流规律的实验定律，其表达式为 $q=KFH/L$。

系统启动运行后对水质水量进行长期持续不断的监测记录，并对所得数据进行分析，这样才会在出现反常时能马上发现问题。

作为一个完整的填埋场控制系统应包括防渗层、覆盖层（包括表面水排除系统）、渗滤液集排水系统、地下水集排水系统、雨水集排水系统。气体控制系统因往往与集排水系统连接在一起并且还起着竖式集水管的作用，因此也具备渗滤液控制系统的作用。防渗层（衬层）和覆盖层另有专门报告讨论，这里就不再作论述。

第一，渗滤液集排水系统。渗滤液集排水系统是渗滤液控制系统的主要组成部分，由排水层、过滤层、集水管组成。主要作用是排出产生的渗滤液以减少其对衬层的压力。与生活垃圾填埋场不同，危险废物填埋场的渗滤液集排水系统在正常情况下一般不会发生作用。但是由于填埋场的高要求和长期维护的需要，渗滤液集排水系统必须保持长期有效。

第二，地下水集排水系统。为防止由于衬层破裂而导致地下水进入填埋场和渗滤液渗漏进地下水，在地下水位高的场址须设地下水集排水系统。这一系统主要由衬层下部集排水管组成。同时它还可以起一定的渗漏监测作用。但是地下水集排水系统需要适当的维护，每年应至少清洗一次管道，而且是永无止境的，所以应尽可能地避免安装地下水排水系统，这就需要在选址时尽可能选择地下水位低的场址，以减少地下水污染的风险和建设，维护的费用。

第三，雨水集排水系统。雨水集排水系统的作用是将雨水在未与废物接触之前收集排放，以减轻渗滤液处理设施的负荷。这一系统主要包括场地周围雨水的集排水沟，上游雨水的排水沟和未填埋场区的集排水管沟。

第四，气体控制系统。气体控制系统主要由集气层、导气管、排气管和排出处理设施组成。如果渗滤液集排水系统采用导气设计，则可由其兼代气体的收集排出功能。

（二）渗滤液集排水系统构建

渗滤液控制系统具有特殊的重要性，与衬层系统相比具有同等地位。而在渗滤液控制系统中，渗滤液集排水系统是起主要作用的，无论是集排水功能还是气体导流功能，都是以渗滤液集排水系统为主发挥作用的。

渗滤液集排水系统根据所处衬层系统中的位置分为初级集排水系统、次级集排水系统以及排出水系统。

初级集排水系统位于上衬层表面，废物下面，它是由排水层、过滤层、集水管组成。根据所用材料和位置的不同，又可分为砾石排水层土工网格排水层、砂过滤层、土工织物过滤层、穿孔集水支管、集水干管以及集排水竖管。初级收集系统将收集全部渗滤液，并顺畅地将其排出。

次级集排水系统位于上衬层和下衬层之间，它的作用除了收集和排出初级衬层的渗漏液外，主要是监测初级衬层的运行状况，作为初级衬层渗漏的应急对策手段。对于单衬层或复合衬层系统，次级集排水系统就没有必要了。这时可以用地下水集排水系统来取代次级集排水系统的渗漏检测作用。

排出水系统主要包括集水井（槽）、泵、阀、排水管道和带孔的竖井。集水井（槽）位于填埋场底坡下游，作用是收集来自集水管道的渗滤液，它可以位于填埋场内，也可位于填埋场外。位于填埋场外时容易管理，但管道要穿过衬层使施工具有一定难度并容易渗漏而有一定的风险。水泵应选用杂质泵和多个泵的组合，以适应渗滤液的水质水量变化。水泵的设置应考虑到最不利的情况发生。渗滤液集水管的出口不应设阀，但当集水井位于场外且调节容量很小时，可在渗滤液集水管出口装阀门以做应急之用。另外，在区划（分室）填埋操作中，为使未填埋区域的雨水排出而不与渗滤液混合，可在集水管末端连接管装阀门加以控制。由于对阀门的操作动作相对较少，因而在日常维护中需要定期检查维修，使之能准时作用。带孔的竖井的作用是集排水管道的日常维护操作，常用于大型填埋场，亦可与集水井或集水竖管、排气管等结合建造。

（三）雨水集排水系统构建

在雨季里，有大量的雨水落在填埋场上部和周围地区。根据地形，这些雨水有可能流入填埋场，从而形成大量的渗滤液；而在运行期间，这种风险就更大。因此在填埋场四周和填埋场中设立雨水排水系统就很有必要。特别是在山谷中设立的填埋场，就更加有必要设立雨水排水系统。

一般设计规划中，要求填埋场设立区域堤坝，实行分区规划。每个区域内应设立独立的排水系统，将填埋区的渗滤液和未填埋区的未污染雨水分别排出，雨水直接排放，亦可利用地下水集排水系统排放雨水。但是要特别注意的是在开始填埋后，要将地下水入口封闭，以防渗滤液进入地下水系统。另外，在较深的填埋场中，可在斜侧壁中层部位设立雨水排水沟，以将此处上部侧壁接纳雨水排出，而当垃圾填埋到达此处时，可将排水沟内充填砾石，并覆以排水层和过滤层，以充做渗滤液排水沟。

在这一系统中，周边集排水沟多构筑在填埋场四周，或修在道路外侧，或修在四周斜壁上，也有同上游雨水沟修在一起的。截面形状根据施工材料不同而呈梯形、半圆形和矩形。材料有预制或现浇混凝土沟、塑料衬砌沟和与道路路面筑成一体的 U 形沟。

而填埋场内的雨水集排水系统多借助地下水系统和渗滤液集排水系统。在开始填埋后关闭地下水系统，将渗滤液排水系统引至集水井抽出处理。因此在设计地下水系统或渗滤液系统时充分考虑降雨特性即可。

上游雨水排水沟根据地形设立，绕过填埋场排入下游。如果山谷狭窄，难以绕过，亦有用管道从填埋场下部穿过的事例。

填埋场表面集排水沟一般与周边集排结合在一起，将封场后的填埋场修成一定的坡度，使雨水流入。因此，在开始设计时，利用场地的挖掘和衬层的修筑，一起考虑排水沟的构造和规划设计。

如果可能，可在填埋场上游挖设集水塘，既可缓冲雨水对排水系统的压力，又可以使雨水冲刷下来的泥土沉淀，避免沟渠淤积。但在暴雨后，要适当清理淤泥。

（四）地下水集排水系统构建

填埋场底部如果位于地下水位以下，如果填埋场衬层发生破损，地下水会大量涌入填埋场，所需处理的渗滤液量快速增长，给渗滤液集排水系统和系统造成巨大的压力；同时渗滤液中的污染物质会扩散进入地下水，从而造成地下水污染。另外，由于地下水及地下水中气体的压力，有可能造成衬层的破裂。由于填埋场周围地下水位上升，造成周围土质下降，从而形成不均匀沉降，造成衬层破裂，甚至引起山体移动、崩塌。因此，在填埋场选址时要尽量避免使填埋场位于地下水位之下。

但是要做到这一点，特别是在一年中任何时间都做到这一点是很困难的，尤其在河网、低洼地区。有些地区虽然可使填埋场建于黏土层之上或之中，但天然黏土层往往存在砂缝，而在地质调查中，很难把所有垂直或水平的砂缝都调查清楚。如果地下水位高，或在某一季节地下水位升高，就有可能形成涌水，直接危及填埋场安全。在这种情况下，需要在衬层下修筑地下水集排水系统。另外，如果不设次级渗滤液集排水系统（渗滤液探测系统），地下水集排水系统还兼有渗漏监测功能。

地下水排水系统一般是由砂石过滤材料包裹穿孔管构成的暗沟组成。在管沟下部铺设混凝土管基，管道四周用砂石覆盖。

管道的布置应按水流方向布置干管，而在横向上布置支管。为防止因一根主要管道破损而使整个系统机能丧失，干管一般要两根以上。如果地下有气体产生，还要设置排气竖管。

地下水排水系统的设计应充分考虑各种不利情况，将排水能力设计得具有一定的富余。由于水文地质勘探的盲点，在施工中要根据情况对设计进行修订和补充，以保证地下水顺畅排出。

地下水集排水系统的维护是无止境的，如果可以选择位于地下水位之上的场址，并做适当地基处理，就可以不设地下水集排水系统。

二、填埋场的具体建设施工

（一）施工质量的保证与控制

填埋场的设计、施工和建设是环境工程建设的百年大计。设计和施工质量关系到自然和人类的安全。因此，填埋场的设计和施工必须建立质量保证体系和相应的质量控制措施。

1. 施工质量的保证

填埋场施工质量保证即是施工全过程的全面质量管理，是用科学的工程管理方法使施工质量全面满足设计指标和要求。

从施工内容来划分，施工质量保证包括施工组织计划的制订、施工质量保证机构的建立、质量保证人员的培训、施工仪器、设备的检查、施工质量控制、施工质量评估与验收以及施工质量保证文件的编写等。

从施工过程来划分，施工质量保证包括施工前的种种质量保证准备与检查、施工过程中的各种质量控制活动以及施工后的质量检查、评估与验收活动。

从质量保证的功能划分，它既具有管理功能，又包括提高施工质量所必需的技术控制方法的总体。

质量保证一般系由第三者（既不是设计者，也不是施工承包者）从客观的角度对施工质量进行全面管理。质量保证人员一般由管理人员、技术人员共同组成，由施工工程指挥部或环保部门授权，具有质量管理的权威性。

2. 施工质量的控制

填埋场施工质量控制是质量保证的重要组成部分。它是指施工承包者在施工过程中的自身控制，其着眼点在于施工人员进入现场之后，为保证施工质量而采取的自我培训、自我检查、自我采样与分析测试以及自我评估等一系列质量控制活动。显然，这些活动必须由第三者即施工质量保证人员验收确认后，才能对施工质量做出最终判定。

（二）填埋场地基层的施工

衬层系统的地基层是指衬层施工前的地表面。为了使衬层的施工更加顺利，必须要对地基层进行压实和修整。地基层应该按黏土衬层的实际压实度进行压实，否则在进行黏土衬层施工时，很难达到所要求的 90% ~ 95% 压实密度。如果地基层的材料为砂土，应压实到 85% ~ 90% 的相对密度。在施工中，当发现地基层有异常时，一般应该由设计单位提出处理方案，施工单位进行处理，它一般包括以下方面：

第一，松土坑：出现这种情况时，挖出坑中全部软土和虚土，然后用与地基层天然土相近的土材料分层回填并夯实。

第二，局部范围的硬土：应尽量挖除硬土，以防受局部硬点的支撑产生不均匀沉降。硬土硬物被清除后，应视具体情况回填。

第三，橡皮土：如地基为黏性土且含水量大并趋于饱和时，在夯实时会出现颤动现象，而且无法夯实。这时可以采用晾晒或掺生石灰粉的方法降低含水量，也可以清除橡皮土后回填。

第四，古河湖、古墓：对于年代久远的古河湖，因土质已经较为密实，可不用处理。年代较近的古河湖，土质结构较松散，含水量大，则应挖除，然后回填分层夯实。

（三）填埋场衬层的施工

1. 黏土衬层施工

在黏土衬层的施工中，最重要的变量是压实变量：黏土含水量，压实类型，压实作用力，土块的大小及铺层之间的结合。在这些变量中，黏土含水量是最关键的参数。

（1）黏土含水量。施工最佳含水量对应于最大干密度，即在最佳含水量时可以得到最大干密度。但是，压实黏土的最小渗透率通常在黏土以稍大于最佳含水量的成型含水量时出现。最小渗透率可以出现在比最佳含水量高 1% ~ 7% 之间的任何位置。理论上讲，衬层应在黏土含水量高于最佳湿度时施工。未压实的黏土处于干燥状态时含有硬块，它们不易在压实中被碾碎，压实之后高渗透性的大孔隙就留在土块之间。反之，那些在湿的黏土中的土块就比较软。在压实中，这些土块能被重新压成均匀的相对不透水的黏土整体。

（2）压实类型。为获得低渗透率，压实黏土采用的方法是另一个重要因素。静压法是将黏土装在一个型模中，用柱塞挤压黏土。揉捏作用压实黏土，很像揉面团。揉捏法在破碎土块方面，一般比静压法更成功。现场压实的最佳设备是羊脚碾，其中伸出的棒或脚穿透黏土，使黏土成型并可以破坏其中的土块。

（3）压实作用力。一般而言，增大压实作用力可以使渗透率减小。因为这一原因，在铺设土衬层时，采用重型压实设备比较好。当压实能量不同时，两个含水量相同密度相似的土样可以有截然不同的渗透率。额外的压实能量不会使黏土更密实，但它可以破碎土块并将它们更彻底地造型在一起。压实设备还必须压过衬层足够的次数，以达到最大的压实。一般在设定黏土铺层上 5 ~ 20 个车程就可以确保衬层被适当地压实。

（4）土块的大小。在 12% 的成型含水量之下，含较小土块（0.5cm）的样品比含较大土块（2cm）的样品的渗透率低四个数量级。显然，在 12% 的含水量下，土块较结实，但当尺寸减小时，就变得在压实过程中容易被破碎了。对于成型含水量为 20% 的湿土，土块的大小似乎对渗透率没有多大影响，因为柔软的湿土容易再成型和压成更紧密的状态。然而，土块大小对于干硬的黏土是一个重要因素。但对湿软的容易再成型的黏土就不那么重要了。

（5）铺层间的结合。消除铺层间的高渗透区，就切断了液体从一个铺层流向另一个铺层的通路。如果能使一个铺层中的缺陷与另一个铺层中的缺陷不连续，则铺层间的水力连续性就能被破坏掉。

在周边斜坡上铺设黏土衬层，可以用平行于黏土表面的铺层来建造，也可以用水平铺层建造。水平铺层必须至少有一个施工车辆或约 3.6m 的宽度。水平铺层能建在几乎任何斜坡上，即使是几乎垂直的，但平行铺层不能建在斜角陡于 2.5∶1（斜角大约为 22°）的斜坡上，因为不能在上面操作压实设备。平行铺层的黏土衬层不容易受到一些可能在施工过程中出现的缺陷的影响。在平行铺层中，砂质区被优质土区包围，因而影响很小。而在水平铺层中，有一个穿过土衬层的窗口；如果它出现在底部，它将使渗滤液有更大的透过率。

黏土衬层施工过程的主要步骤包括确定采土源、采用土的开挖、湿度预调节和堆放、运输、铺成铺层和土块的破碎、最后的湿度调节和混合、压实、表面整平、施工质量保证检测，以及如果需要的话再进一步压实。

施工过程结束之后，新压的土衬层和最后一个黏土铺层必须加以覆盖，以防止干化，霜冻作用。不然，容易使土衬层龟裂。

衬层施工中和结束后应进行施工质量保证（CQA）控制检测。CQA 检测有两类：施工材料的质量检测和已完工黏土衬层的检测。这些检测包括材料检测（Atterberg 极限、粒径分布、压实曲线、实验室压实土的渗透率）和制备以及压实黏土的检测（湿含量、干密度、未扰动样品的渗透率）。

施工质量控制检测中第一个问题是决定从哪儿采样。可以采用完全随机的采样布点以减少偏差。要随机采样，须设计一个比需要的采样点多 10 倍的网格，用随机数字发生器抓取采样点。

检测结果上的偏差可以产生于许多地方，所以在 CQA 计划中设置一个验证检测结果的程序是很重要的。例如，核子密度和湿含量检测可产生微小的误差。CQA 计划应该规定按规定的频率用其他方法对这些检测方法进行检查，以把误差削减到最小。例如，某些快速湿度检测方法（如使用微波炉进行干燥黏土的检测）也能产生偏差，因此这些种类的检测方法要定期地用标准检测方法校正。

2. HDPE 衬层施工

HDPE 衬层，可以由一家公司制造，另一家公司负责施工；也可以由一个公司同时负责制造和施工。就如何铺设 HDPE 衬层而言，在施工中不同的人分担不同的责任，这些人由工程师、制造人、承包人和主管部门负责人组成。一般而言，工程师设计 HDPE 衬层的结构以及准备一份详细的说明书，制造人铺设 HDPE 衬层，承包人负责施工。

设计者需负责拟定一份全面的设计技术要求说明，其中包括 HDPE 衬层的用途、运输、贮存、安装和取样的限制条件，以及 HDPE 衬层的特性。HDPE 衬层的特性包括其原料特性（密度、熔流指数、炭黑、热解重量分析及微扫描量热学特性等）和膜的特性（厚度、延展性、抗拉性、碳黑含量、抗老化性、抗压性等）。

在施工前，要检查设计说明书及施工质量保证（CQA）计划。这是 CQA 最重要的部分之一。

施工前也要确定焊接验收的准则。焊接是施工中最困难的工序，在施工开始之前，应该首先确定焊接施工人员的资格，并由施工公司的焊接人员制造出焊接接缝样本，然后通过检测，确定出接缝处的可接受能力。验收接缝的样本要由主管部门和施工公司共同保存，以防将来发生问题。

由于在施工区域内的工作可能会损坏 HDPE 膜，所以在装卸、贮存和放置 HDPE 膜时一定要小心，每一步都要仔细检查可能产生的损坏或缺陷。

HDPE 膜经常在工厂而不是在现场制造，所以在装卸和贮藏时一定要小心，在装运时不允许折叠。装卸过程中，所有的 HDPE 膜都要被覆盖，每个标签上要注明制造者、生产方式、厚度、制造标准、生产日期、物理量度和片数，以及不可折叠物质说明。所有的 HDPE 膜要存于一个安全地带，远离垃圾、灰尘、土和隔绝热源。另外，要放到人和牲畜不能破坏的地方。

在铺设膜之前，先要做好地基层的准备工作。在其表面，不要有乱石、树根和水等，地基一定要压整光滑，不允许脱水裂开。许多除草剂含有烃类物，这会影响并损坏到膜。

在展开 HDPE 膜之前，首先应仔细检查有无缺漏处，如没有的话，就可以铺设了。一开始要小心地轻微滑动。当每一部分安装放置完毕后，允许适当的焊接重叠修补。总放置片数受一天内所能焊接数量的限制。在焊接过程中，膜一定要清洁干净，接缝下面要有坚固的基础。

进行 HDPE 膜衬层铺设施工时，气候是一个要考虑的因素。从焊接的要求看，不使衬层物质暴露于露天或雨地里是很重要的。当气温下降到 −4.2℃以下时，施工者要采取一些措施。例如，在寒冷天气时，为保持 HDPE 膜温度，在它们周围要加热。同时，因为在大风时非常难于焊接，不要选择大风天气施工。

另外，HDPE 膜要尽可能地锚固住，在安装完一片膜之后，锚沟要保持敞开几天，以防由于热胀冷缩使它长度变化。当膜处在最低温度时（多为清晨），它的长度最短，这时将锚沟充满。

在施工中，要进行三种类型的检测：连续性检测、判断性检测和统计检测。

（1）连续性检测。连续性检测包括三个方面：目视的、破坏性的和非破坏性的。所有接缝都要进行目视检查，所有初始焊接必须进行破坏性（DT）检测。破坏性检测一般是在焊接完成后割取样品，测试接缝的剪切拉伸和拉力拉伸。非破坏焊接检测包括真空箱测试、空气压力测试、人工机械测试、超声波脉冲测试和超声波阻抗测试。常用的是前两种方法。

在人工机械测试中，将改锥和手镐压到焊缝边缘，以便查清结合弱的位置。在真空箱测试中，工人对焊缝使用皂液水，然后在焊缝上移动真空箱。如果有洞，真空从膜下抽出空气导致产生气泡。通过焊缝时，真空箱不能移动过快。

为确保更有效，真空箱在每一接缝处要保持至少 15s 再移动，否则将不会发现泄漏。

空气压力测试是检查空气压力是否稳定。这个检测用于双热空气或双楔焊缝，需要有两个平行焊点的空气空间，以便在焊点间应用空气压力。一个成功的焊缝，在使用接近 210kPa 的压力时，5min 内损失不超过 7kPa 的压力。这种焊缝不能用于取样以及操作设施有限的空间。

（2）判断性检测。判断检测包括训练有素的运行管理人员或 CQA 检查人员对膜焊缝强度所做的一个合理评价。当可视检查发现诸如表面脏、残损、摩擦或潮湿等影响焊缝质量的因素时，就需进行判断检测。

（3）统计检测。通常不能对所有焊缝进行破坏性测试，但是一般最少每 150m 长的焊缝或每条焊缝应该进行一次破坏性测试。具体位置应该随机确定，所以这种测试称之为统计检测。但是在坑洼处或斜坡处，焊缝很短，不能从这些焊缝中取样，除非发生问题的时候。

证明文件是 CQA 过程最重要的部分。HDPE 膜的铺设、检查和检测文件一定要保存，所有检查文件（诸如修补报告、检测位置等）都要仔细保存，每次修补均应登记。在检测期间，沿着焊缝要标明样本的数量和位置。这些数据以及焊缝的数目和长度、检测方式、检测位置、检测日期以及检测人均应记录备查。

完成了 HDPE 膜施工之后，将产生一份详细的施工记录，当以后发生问题时，它为后人在施工中遵循的工作质量提供了参考。

（四）集排水系统的施工

集排水系统的施工包括排水层和过滤层的施工和管道施工。

排水层和过滤层的施工比较简单，在铺设砂、石时，应小心地向前推，并且要使设备不在衬层上直接行驶。施工过程中，所有操作均用轻型设备完成。在铺设砂石之前，要对砂石的性状进行检查。检查项目包括粒径级配和目视观察。不应使用石灰岩类物质，因为渗滤液中的酸会使其溶解而堵塞管道；在排水层和过滤层材料中，不应含有有机杂质，如含有过高的有机杂质，则应对砂石进行清洗，保证其清洁；要保证级配符合设计要求，粒径小于或等于 0.074mm 的颗粒物含量不应大于 5%。

在铺设之前，要先对铺设底基（衬层表面）进行测量，保证其坡度和平整度符合设计要求，保证渗滤液能顺利流入集水管而不发生积水。

铺设时，应先铺设保护层（过滤层），使其厚度达 15cm 后再铺设排水砾石和其他设施，这样可允许轻型设备的使用。如有可能在衬层上铺一层土工织物保护衬层。土工网格和土工织物组成的排水层铺设相对简单一些。铺设前要检查网格和织物是否有破损，断裂和折叠，并尽早剔除不合格产品。施工时要尽量缩短土工网格和土工织物暴露于阳光下的时间。

排水层和过滤层的质量控制测试包括粒径分析和渗透率测试。粒径分析通常每 500 ~ 1000m³ 进行一次，而渗透率测试一般每 2000m³ 进行一次。但对小型填埋场，上述测试最少进行四次。

渗滤液集排水管可设在管槽中（凹形设计），也可直接铺在衬层上（凸形设计），但尽可能设在管槽中。管道的施工应严格按图纸进行，管道的位置不能随意变动，并严格按设计要求保护层和过滤层。

管槽要以一定的坡度（最小 0.5%）朝向检修人孔或排出口。如用 HDPE 膜衬层，那么在管槽位置要加铺一块 HDPE 膜。衬层的焊接要在距管槽至少 1m 的地方进行，以避免焊缝对管槽的影响和减少渗滤液渗漏的可能。

管槽内应先铺设土工织物保护衬层，然后铺设砂过滤保护层，槽壁因无法用砂层保护，可用小土袋装砂铺设加以保护；然后在管四周和顶部铺设粒径为 50 ~ 150mm 的被覆片石。

穿过衬层的所有管道都应加装防渗管套，将管套焊接在衬层上，或用法兰封接。在管套周围应铺设最薄为 1.5m 的压实黏土。在管槽外的管道应封闭在最薄为 60cm 的压实黏土层内，或装入防渗套管内。

集排水管道的施工质量控制测试包括有衬层密度测试（黏土衬层）、过滤和排水材料的粒径级配测试、管道的硬度和张力，以及管槽内底面的坡度测试。

完工后，用喷水管或其他管道冲洗设备冲洗管道，以清除施工碎片，并观察是否有破损漏水。冲洗后，再用带色水进行注入试验。

第四节　填埋场运行管理与封场后管理

一、填埋场的运行管理

（一）填埋废物

填埋废物按单元从压实表面开始，向外向上堆放。某一作业期（通常为一天）构成一个填埋单元（隔室）。由收集和运输车辆的废物按 45 ~ 60cm 厚为一层放置，然后压实。一个单元的高度通常为 2 ~ 3m。

工作面的长度随填埋场条件和作业尺度的大小不同而变化。工作面是在给定时间内固体废物卸载、放置和压实等的工作面积。单元的宽度一般为 3 ~ 9m，取决于填埋场的设计和容量。在每一作业时段结束时，所有的单元暴露面都要用 15 ~ 30cm 的天然土壤或其他可供使用的材料覆盖，通常在每日填埋操作终了时将其铺设在填埋场工作面上，称之为日覆盖层。日覆盖层的作用是控制废物不被风吹走，避免老鼠繁衍，以及避免在操作期间大量降水进入填埋场内。

一个或者几个填埋单元层完工之后，要在完工表面上挖水平气体收集沟渠，沟渠内放砾石，中间铺设打孔的塑料管。完工的填埋区段要铺设最终覆盖层，用于尽量减少降雨的入渗量并把降水排离填埋场工作区段。通过覆盖层使其能抗风化腐蚀，这时可将气体抽排井竖装在完工的填埋表面，气体抽排系统要连在一起，所收集的气体可以明火烧掉，也可以加以利用。

一个区段完工以后，可以重复上述过程进行下一个区段的工作。由于固体废物的分解，完工的区段可能会产生沉降。因此，填埋场的建设工作必须包括沉降表面的再填和修补，以保证达到设计的最终要求和排水要求，气体和渗滤液控制系统也必须继续使用和维护。所有的填埋工作都完成以后，在铺设最终覆盖层时，要对填埋场表面进行复田处理。

（二）经营许可证

危险废物填埋场的运营需要持有危险废物经营许可证，我国对此有专门规定。为确保危险废物的正确处置，人们的身体健康以及环境不受污染，许可体系是必需的。许可申请时必须有充足的材料，从而使主管当局确信设施的设计、运行、封场后处理能满足许可标准。

（三）设施运行标准

对危险废物的入场必须进行计量。填埋场就近设置填埋物检测区，在填埋前进行检测。垃圾车出填埋场时应当冲洗轮胎和底盘。

填埋时采用单元、分层作业，填埋单元作业工序为卸车、分层摊铺、压实，达到规定高度后进行覆盖、再压实。

每层填埋单元的高度宜为 2 ~ 4m，最高不应超过 6m。单元作业宽度依填埋作业设备的宽度及高峰期同时进行作业的车辆数确定，最小宽度不宜小于 6m，单元的坡度不宜大于 1：3。每一单元作业完成后，应进行覆盖，厚度宜根据覆盖材料确定，土覆盖层厚度宜为 20 ~ 25cm；每一作业区完成阶段性高度后，暂时不在其上继续进行填埋，就进行中间覆盖，覆盖层厚度宜根据覆盖材料确定，土覆盖层厚度宜大于 30cm。

填埋场填埋作业达到设计标高后，应及时进行封场和生态环境恢复。在日常运行中记录进行危险量、渗滤液产生量、材料消耗等，记录积累的技术资料应完整，统一保管。填埋作业管理宜采用计算机网络管理。填埋场的计量应达到国家三级计量认证。

（四）分区计划

理想的分区计划是使每个填埋区能在尽可能短的时间内封顶覆盖。这就要求向一个分区堆放废物，直至达到最终的高度。如果填埋场高度从基底算起超过 9m，通常在填埋场的部分区域高中间层，中间层设在高于地面 3 ~ 4.5m 的地方，而不是高于基底 3 ~ 4.5m。在这种情况下，这一区域的中间层由 60cm 的黏土和 15cm 的表土组成。在底部分区覆盖好中间层后，上面可以开始新的填埋区。

应当注意，用于铺设中间层的土壤不能用于铺设最终覆盖层，因为这些土壤沾染了废物。这些土壤可以用于每日覆盖，或填入填埋场内。自然，表土是可以重新用于最终覆盖层的。

在分区计划中，要明确标明填土方向，以防混乱。在已封顶的区域不能设置道路。永久性道路应该与分区平行铺设在填埋场外，并设支路通向填埋场底部。交通线路应认真规划，使所有废物均已卸入最后剩余的一个单元之内。

（五）运行记录

填埋场设施中应保存书面的运行记录。当可以获得以下信息时，应记录下来，并保存在运行记录中，直到封场。①关于所有接收废物的性状及数量的描述，以及其处理方法和日期；②各种危险废物的位置及数量应在一张地图的处置区域中标识出来，这一信息中应包括与具体联单文件数量的相互对照；③废物分析与废物识别操作的记录与结果；④作为事故应急计划的处理对象的所有事故的总结性报告和细节描述；⑤检查的记录和结果要求保留3a；⑥必要的监测、检验或分析数据以及校正操作；⑦封场费用估算和封场后处理费用估算。所有记录，包括计划都应按管理部门的要求准备并在任何正常的检查时间可以查到。

考虑到设施或管理部门的要求，当执行操作未能得到解决时，所有记录的保存时间将自动延长。封场之时，应向上级和当地土地管理部门提交一份废物处置位置和数量记录的副本。

二、填埋场的封场管理

（一）封场计划

封场计划包括很多部分，如对方法、规范以及封场过程的全面描述等。封场计划应明确在填埋场生命周期中的最大废物容量。这些参数对封场费用很重要。

1. 书面计划

所有危险废物填埋场均应有一份书面的封场计划。计划应明确在填埋场生命周期的任何时候，部分封场或最终封场所需采取的步骤。封场计划至少应包括以下方面：

（1）描述各危险废物处理设施将如何关闭。

（2）描述设施的最终关闭将如何进行。这部分将明确在设施的生命周期中，不关闭部分的运行所应达到的程度。

（3）估计设施生命周期中危险废物的最大存贮量。具体描述在部分封场和最终封场时应采取的措施，包括去除、运输、处理、存贮或处置所有危险废物等的方法，并明确在可行情况下场外危险废物处理的类型。

（4）具体描述在部分封场和最终封场过程中，去除或治理所有危险废物残余物和容纳系统中受污染的装置、结构和土壤等，其中包括（但不仅仅包括）清理装置和去除受污染土壤的过程，对周围土壤取样和测试的方法，以及决定达到封场标准的治理程度的尺度。

（5）具体描述在部分封场和最终封场时为了达到封场标准而应采取的其他行动，包括地下水监测、渗滤液收集以及进出场径流的控制等。

（6）各危险废物处理单元和设施的最终关闭的日程表。日程表至少应包括关闭各危险废物处理单元总共所需时间，以及跟踪部分封场和最终封场过程中干涉封场活动所需要的时间（如估计处理处置所有存贮的废物所需的时间和最终覆土所需的时间）。

（7）除了明确最终覆土系统之外，封场计划还必须设计最终气体控制系统和地下水监测系统，并且拟定一份达到封场标准的活动日程表。这包括地下水的长期保护和地表的全面护理。

（8）封场计划的最后一部分是估算封场费用。这将被用于决定资金组成，以保证封场时资金的来源。

2. 封场费用

为精确估算封场费用，必须了解填埋场的运行周期并较准确地估算覆土时和导气管以及相关费用。基于填埋场生命周期的剩余时间，可以保证接收和填埋废物之后封场以及封场后护理的费用。

（二）封场步骤

当填埋场的全部场地都填满废物之后，要使用最终覆盖层将填埋场加以封闭，同时还要用安全合理的方式对所有用于废物的设备和辅助设施加以净化、封闭填埋场的实施步骤通常为：①清除和拆除任何危险废物处理和贮存设施；②为填埋场盖上一层适当的最终覆盖层；③控制由地表水、地下水和空气造成的污染物迁移；④在填埋封场后维持期内维护现有地下水监测网运行；⑤继续将流入水清除；⑥避免土蚀和风蚀；⑦控制封闭地区的地面水渗入和积水；⑧维护填埋气体和渗滤液的收排和处理系统；⑨维护最终覆盖层和衬垫的完好性；⑩限制接近该封闭区。

（三）封场设计

卫生填埋场封场的主要目的是限制降水渗入废物以尽量减少有可能侵入

地下水源的渗沥液的产出，同时减少填埋气的无序排放，提高填埋场运行的安全性，保护填埋场周围的环境。填埋场封场应在填埋物上覆盖黏土或人工合成材料，黏土的渗透系数应小于 1.0×10^{-7} cm/s、厚度为 20 ~ 30cm，其上再覆盖 20 ~ 30cm 的自然土，并均匀压实。自然土上面应种植植物，植被土层厚度根据植物根系确定，其中营养土层应不小于 20cm，总覆土厚度应在80cm 以上。目前国内填埋场的封场尚无成熟可靠的技术实例可供借鉴，但封场的技术标准不应低于国家颁布的技术规范。

参照国外近年来填埋场封场技术的发展，封场设计的总体方案由垃圾面至表面依次分为：构造层（含排气层）、隔离层、排水层、保护层、植被营养土层和表面植被层，各层技术要求和方案选择如下：

第一，构造层（含排气层）。位于垃圾废弃物之上，厚度不应小于45cm，以保护隔离层不与垃圾接触并尽量减少沉降的影响。应使用粗颗粒材料或等效土工复合材料，如建筑渣土或土工复合排水板等。与隔离层接触面压实后，表面应平整且不得有石块、土团和其他碎渣。设计采用 50cm 建筑渣土，为保证排气效果，渣土层中设排气石笼及收集花管。

第二，隔离层。位于构造层之上，可使用压实黏土或土工复合材料。压实黏土要求渗透系数小于 1×10^{-7} cm/s，厚度不小于 20cm。复合材料可使用土工膜（HDPE、VLDPE、LLDPE、PVC、CSPRE）、土工聚合黏土衬垫（GCL）或两者的组合。设计采用经济性较好、抗拉变形较强、具有自补能力的土工聚合黏土衬垫（GCL）作为隔离层；要求材料的渗透系数小于 5×10^{-9} cm/s，质量要求大于 5000g/m²。

第三，排水层。位于隔离层之上，可使用透水性强的土工布夹碎石层、土工织物加土工网和复合土工材料，以尽量减少降水在隔离层接触时间，从而减少降水到达废物的可能性，同时增强边坡的稳定性。根据北京地区降雨特点，设计采用土工织物作为排水层，要求材料的渗透系数小于 9×10^{-2} cm/s、厚度不小于 6mm。

第四，保护层。位于排水层之上，主要防止植物根系对隔离层的伤害。根据业主要求，设计植被为种植草皮，保护层厚度为 40cm。

第五，植被营养土层（侵蚀控制层）。位于保护层之上，厚度不应小于20cm，应利于植物生长以保护填埋场覆盖面不受风霜雨雪或动物侵害。设计采用垃圾堆肥产品与原状土混合物。

第六，植被层。位于覆盖层最表面，主要是保护填埋场覆盖层和美化环境。可种植草皮、灌木和树木。根据经济性原则，设计选择根系较浅的草皮。

第七，边坡坡度。为保持边坡永久稳定，设计选用边坡坡度1：3。

（四）长期管理

生活垃圾填埋场封闭后，一般要经过30～50年才能稳定达到无害化。而工业固体废物特别是危险废物填埋场则有可能永远不会降低其对环境的威胁，所以经营者需要做以下工作。

保持最终覆盖层的完整性和有效性，进行必要的维修以消除沉降和凹陷以及其他因素的影响；常规性监测检漏系统；继续运行渗滤液的收排系统，直到无渗滤液检出为止；维护和检测地下水监测系统；保护和维护任何测量基准。

各危险废物填埋审批单位都应根据有关的指南和规定，按照其中制定的填埋封场方案步骤，制定填埋场的封闭和善后处理计划，据此分步实施。填埋场的善后计划应考虑封场后需要维护工作的延续年限，至少30a。这段时间具有随机性，可根据填埋场封闭后的污染物具体迁移数据资料作适当延长或缩短。妥善封闭的填埋场能达到一般使用的要求，如用作停车场和开放性场地。但如一旦确定将填埋场如此复用，加强覆盖层设施和封场后地面逸散物的监测是很重要的。以下任务是长期保养的计划的一部分。

第一，地表护理。地表护理包括侵蚀破坏的修复，由于沉降而进行的重新分类、控制深层根植物的周期性清除，挖洞动物的控制以及植被和土壤的修复。

第二，检测／保存记录。管理部门某些时候需要周年的场地检测和总结报告。记录信息的一个例子是渗滤液去除、运输／处理数量和日期。

第三，产气、地下水、地表水和渗滤液的监测。填埋场气体和渗滤液控制系统的监测将为填埋场提供有价值的信息。最为重要的是尽可能地发现各种问题，并迅速采取修复行动。

第四，渗滤液的收集和处理。对填埋场中设置的渗滤液收集系统，即使在封场之后也应继续关注。应维护渗滤液收集系统以保证其有效地运行。这一工作包括：周期性地清理渗滤液收集管道、收集池的清理、泵的清理和维修。收集起来的渗滤液必须得到合适的处理和处置，必须保留说明渗滤液处理或去除数量的记录。渗滤液的数量将随季节而变，应进行仔细监测，直到无渗滤液检出为止。

　　第五，填埋场产出气体的处置。填埋场产出气体控制系统可以是主动的和被动的。被动式系统中允许气体以自然方式逸出进入大气。主动式系统以导气、点火、燃烧或回收等方式收集气体。如果能收集到足够的气体，可以进行回收利用。无论是否安装了控制或回收系统，都应对主动式系统中的送风机和泵进行周期性的维护。此外，若有损坏，回收管和收集管可能需要冷凝去除和修理，冷凝处理将取决于特殊控制或与渗滤液处置中类似的控制。

第六章　工业固体废物的回收和利用

第一节　粉煤灰的综合利用

"粉煤灰是煤燃烧排放出的一种黏土类火山灰质材料"[①]，广义而言，它还包括锅炉底部排出的炉底砟，简称炉砟。狭义而言，它就是指锅炉燃烧时，烟气中带出的粉状残留物，简称灰或飞灰。需要注意的是，灰和砟的比例随着炉型、燃煤品种及煤的破碎程度等不同而变化，目前世界各国普遍使用的固态排砟煤粉炉，产灰量占灰砟总量的80% ~ 90%。

燃煤灰砟来自煤炭燃烧后的无机物质，灰砟的产量主要取决于原煤灰分的高低，国内电厂用煤的灰分变化范围很大，平均为20% ~ 30%。煤炭在锅炉中不能充分燃烧时，粉煤灰中就会保留少量的挥发物和未燃尽炭。

煤炭按生成年代的远近，分为无烟煤、烟煤、次烟煤和褐煤，其中次烟煤和褐煤，因为生成年代较短些，矿物杂质含量较多，碳酸盐的含量往往较高。按原煤煤种不同，把粉煤灰分为烟煤、无烟煤的普通粉煤灰和褐煤、次烟煤的粉煤灰。前者在化学成分中氧化钙含量较低，叫作低钙粉煤灰，而后者氧化钙含量往往较高，叫作高钙粉煤灰。

我国电厂以湿排灰为主，湿灰的活性比干灰低，且费水费电，污染环境，也不利于综合利用。为了保护环境，并有利于粉煤灰的综合利用，应用高效除尘器并设置分电场干灰收集装置是今后电厂粉煤灰收集、排放的发展趋势。

[①]　谢志峰. 固体废物处理及利用 [M]. 北京：中央广播电视大学出版社，2014：164.

一、粉煤灰的形成与性质

（一）粉煤灰的形成与组成

1. 粉煤灰的形成

煤粉由高速气流喷入锅炉炉膛，有机物质成分立即燃烧形成细颗粒火团，充分释放热量。在高温下，矿物杂质除了石英外，大部分矿物都能熔融。粉煤灰形成的过程即煤粉中矿物杂质转变的过程，是以黏土质矿物到硅酸盐玻璃体的转变为主要对象。黏土质矿物受热时开始脱水，继而破坏矿物晶格，灰分从软化表面开始熔融；碳酸盐矿物排出 CO_2，硫化物和硫酸盐排出 SO_2 和 SO_3，碱性物质在高温下部分挥发。灰粒在高温和空气的湍流中，可燃物烧失，灰分聚集、分裂、熔融，在表面张力和外部压力等作用下形成水滴状物质，飘出锅炉后骤冷，固结成玻璃微珠。

粉煤灰中一些细小的玻璃微珠，是由极细的煤粉燃烧后形成的一氧化硅硅雾，骤冷后凝固成的微粒，还有少量薄壁空心玻璃珠，能漂浮在水面上，所以又叫作"漂珠"。形成空心的主要原因是矿物杂质转变过程中产生的 CO_2、CO 等气体，被截留于熔融的灰滴之中，成为空心微珠。粉煤灰中含有 50% ~ 70% 的空心微珠是厚壁的，置于水中能够下沉，叫作"空心沉珠"。还有一些粘连在一起的形态不同的玻璃微珠，叫作"复珠"。

2. 粉煤灰的组成

（1）粉煤灰的化学组成。我国火电厂粉煤灰的主要氧化物组成为 SiO_2、Al_2O_3、FeO、Fe_2O_3、CaO、TiO_2、MgO、K_2O、Na_2O、SO_3、MnO 等，此外，还有 P_2O_5 等。其中，氧化硅、氧化铝和氧化钛来自黏土、页岩；氧化铁主要来自黄铁矿；氧化镁和氧化钙来自与其相应的碳酸盐和硫酸盐。

由于煤的灰量变化范围很广，而且这一变化不仅发生在来自世界各地或同一地区不同煤层的煤中，甚至也发生在同一煤矿不同部分的煤中。因此，构成粉煤灰的具体化学成分含量，也就因煤的产地、煤的燃烧方式和程度等不同而有所不同。其主要化学组成见表6-1。

表6-1 粉煤灰的基本化学组成

成分	SiO_2	Al_2O_3	Fe_2O_3	CaO	MgO	SO_3
含量	38% ~ 54%	23% ~ 38%	4% ~ 6%	3% ~ 10%	0.5% ~ 4%	0.1% ~ 1.2%

（2）粉煤灰的矿物组成。由于煤粉各颗粒间的化学成分并不完全一致，因此燃烧过程中形成的粉煤灰在排出的冷却过程中，形成了不同的物相。例如，氧化硅及氧化铝含量较高的玻璃珠在高温冷却的过程中逐步析出石英及莫来石晶体，氧化铁含量较高的玻璃珠则析出赤铁矿和磁铁矿。另外，粉煤灰中晶体矿物的含量与粉煤灰冷却速度有关。一般而言，冷却速度较快时，玻璃体含量较多；反之，玻璃体容易析晶。可见，从物相上讲，粉煤灰是晶体矿物和非晶体矿物的混合物。其矿物组成的波动范围较大。一般晶体矿物为石英、莫来石、磁铁矿、氧化镁、生石灰及无水石膏等，非晶体矿物为玻璃体、无定形碳和次生褐铁矿等，其中玻璃体含量占50%以上。

（二）粉煤灰的物理与化学性质

第一，粉煤灰的物理性质。粉煤灰是灰色、灰白色粉状物，含水量大的粉煤灰呈灰黑色。低钙灰 1800 ~ 2800kg/m³，高钙灰 2500 ~ 2800kg/m³。孔隙率为 60% ~ 75%，具有多孔结构，内表面积较大，为 2000 ~ 4000cm²/g。

第二，粉煤灰的化学性质。粉煤灰是一种人工火山灰质混合材料，它本身略有或没有水硬肥凝性能，但当以粉状及有水存在时，能在常温，特别是在水热处理（蒸汽养护）条件下，与氢化钙或其他碱土金属氢氧化物发生化学反应，生成具有水硬胶凝性能的化合物，成为一种增加耐久性的材料。这也正是粉煤灰能够用来生产各种建筑材料的原因所在。

二、粉煤灰综合利用的分析

（一）粉煤灰在工业与工程中的应用

粉煤灰在工业与工程中的应用，此处主要是指在水泥工业与混凝土工程中的应用。

1. 粉煤灰做水泥混合材

粉煤灰是一种人工火山灰质材料，它本身加水虽不硬化，但能与石灰、水泥熟料等碱性激发剂发生化学反应，生成具有水硬胶凝性能的化合物，因此可用作水泥的活性混合材。许多国家都制定了用作水泥混合材的粉煤灰品质标准。在配置粉煤灰水泥时，对于粉煤灰掺量的选择，应根据粉煤灰细度质量情况，以控制在 20% ~ 40% 为宜。一般而言，当粉煤灰掺量超过 40% 时，水泥的标准稠度需水量显著增大，凝结时间较长，早期强度过低，不利于粉煤灰水泥的质量与使用效果。用粉煤灰作混合材时，其与水泥熟料的混合方法有两种，即可将粗粉煤灰预先磨细，再与水泥混合，也可将粗粉煤灰与熟料、石膏一起粉磨。

矿渣粉煤灰硅酸盐水泥是将符合质量要求的粉煤灰和粒化高炉矿渣两种活性混合材料按一定比例复合加入水泥熟料中，并加入适量石膏共同磨制而成。矿渣粉煤灰硅酸盐水泥的配合比例，视具体情况通过实验确定，通常水泥熟料应在 50% 以上，矿渣在 40% 以下，粉煤灰在 20% 以下，这种水泥的后期强度、干烘收缩、抗硫酸盐等性能均比矿渣水泥和粉煤灰水泥优越。

2. 粉煤灰制作无熟料水泥

用粉煤灰制作无熟料水泥包括石灰粉煤灰水泥和纯粉煤灰水泥。石灰粉煤灰水泥是将干燥的粉煤灰掺入 10% ~ 30% 的生石灰或消石灰和少量石膏混合粉磨，或分别磨细后再混合均匀制成水硬性胶凝材料。石灰粉煤灰水泥的标号一般在 300 号以下，生产时必须正确选定各原材料的配合比，特别是生石灰的掺量。为保证水泥的体积安定性，提高水泥的质量，也可适当掺配一些硅酸盐水泥熟料，一般不超过 25%。石灰粉煤灰水泥主要适用于制造大型墙板、砌块和水泥瓦等；适用于农田水利基本建设工程和底层的民用建筑工程，如基础垫层、砌筑砂浆等。纯粉煤灰水泥是指燃煤发电的火力发电厂中，采用炉内增钙的方法，而获得一种具有水硬性能的胶凝材料。其制造方法是将燃煤在粉磨之前加入一定数量的石灰石或石灰，混合磨细后进入锅炉内燃烧，在高温条件下，部分石灰与煤粉中的硅、铝、铁等氧化物发生化学作用、生成硅酸盐、铝酸盐等矿物；收集下来的粉煤灰具有较好的水硬性，加入少量的激发剂（如石膏、氯化钙、氯化钠等），共同磨细后即可制成具有较高水硬活性的胶凝材料。纯粉煤灰水泥可用于配制砂浆和混凝土，适用于地上、地下的一般民用、工业建筑和农村基本建设工程；由于该水泥耐蚀性、抗渗性较好，因而也可以用于一些小型水利工程。

3. 粉煤灰生产低温合成水泥

我国科技工作者研究成功用粉煤灰和生石灰生产低温合成水泥的生产工艺。其生产原理是将配合料先蒸汽养护（常压水热合成）生成水化物，然后经脱水和低温固相反应形成水泥矿物。低温合成水泥在煅烧过程中未产生液相，物相未被烧结。其生产工艺过程如下：

第一，石灰与少量晶种粉磨后与一定比例的粉煤灰混合均匀。配合料中石灰的加入量以石灰和粉煤灰中所含有效氧化钙含量计算以22%±2%为宜。配合料中有效氧化钙含量过低，形成的水泥矿物相应减少，水泥强度下降；有效氧化钙含量过高，不能完全化合，形成游离氧化钙过多，对水泥强度不利。在配合料中加入少量晶种，在蒸汽养护过程中可促使水化物的生成和改变水化物的生成条件，对提高水泥的强度有一定作用，晶种可以采用蒸汽硅酸盐碎砖或低温合成水泥生产过程中的蒸汽物料，加入量为2%左右。

第二，石灰、粉煤灰混合料加水成型，进行蒸汽养护。蒸汽养护是低温合成水泥的关键工序之一，在蒸汽养护过程中，生成一定量的水化物，以保证在低温燃烧时形成水泥矿物，一般蒸汽养护时间以7～8h为宜。

第三，将蒸汽养护物料在适宜温度下煅烧，并在该温度下保持一定时间。燃烧温度以700～800℃为宜，煅烧时间随蒸汽物料的形状、尺寸、含碳量以及煅烧设备而定，以蒸汽砖在井窑中燃烧为例，在750℃温度下，煅烧时间波动在30～90min。

第四，将煅烧好的物料加入适量石膏，共同粉磨成水泥。水泥中加入的石膏。可以用天然二水石膏，也可以采用天然硬石膏，石膏加入量以5%～7%为宜，水泥细度以4900孔/cm² 筛余10%左右为宜。低温合成水泥具有块硬、强度大的特点，可制成喷射水泥等特种水泥，也可制作用于一般建筑工程的水泥。

4. 粉煤灰代替黏土原料生产水泥

由硅酸盐水泥熟料和粉煤灰加入适量石膏磨细制成的水硬胶凝材料，称为粉煤灰硅酸盐水泥，简称粉煤灰水泥。粉煤灰的化学组成同黏土类似，可用它来代替黏土配制水泥生料。水泥工业可利用粉煤灰中未燃尽的炭配料。如果粉煤灰中含10%的未燃尽炭，则每采用10万吨粉煤灰，相当于节约了1万吨燃料。另外，粉煤灰在熟料烧成窑的预热分解带中不需要消耗大的热量，却很快能生成液相，从而加速熟料矿物的形成。采用粉煤灰代替黏土原料生产水泥，可以增加水泥窑的产量，降低燃料消耗量的 16% ~ 17%。

5. 粉煤灰作砂浆或混凝土的掺和料

粉煤灰是一种很理想的砂浆和混凝土的掺和料。在混凝土中掺加粉煤灰代替部分水泥或细集料，不仅能降低成本，而且能提高混凝土的和易性、提高不透水性、不透气性、抗硫酸盐性能和耐化学侵蚀性能、降低水化热、改善混凝土的耐高温性能、减轻颗粒分离和析水现象、减少混凝土的收缩和开裂以及抑制杂散电流对混凝土中钢筋的腐蚀。粉煤灰用作混凝土掺和料，早在 20 世纪 50 年代在国外的水坝建筑中就得到推广。随着对粉煤灰性质的深入了解和电吸尘工艺的出现，粉煤灰在泵送混凝土、商品混凝土以及压浆、灌缝混凝土中也广泛掺用起来。国外在修造隧洞、地下铁道等工程中，广泛采用掺粉煤灰的混凝土。我国在混凝土和砂浆中掺加粉煤灰的技术也已大量推广。

国内一些大的地下、水上及铁路的隧道工程均大量掺用厂粉煤灰，不仅节约了大量水泥，而且提高了工程质量。例如，三门峡工程在重力坝内混凝土工程中共浇筑了约 120 万 m³ 的混凝土，掺用了相当于 400 号大坝矿渣水泥的 20% ~ 40% 的粉煤灰，对混凝土内部的温升，改善混凝土的和易性和节省水泥用量等均获得良好效果。又如，北京在砌筑工程中，比较常用的是 50 号和 75 号，砂浆，每立方米掺入 50 ~ 100kg 磨细灰，可节约水泥 17% ~ 28%。如与加气剂结合使用、还可代替部分或全部白灰膏，在抹灰装修砂浆中可节约 30% ~ 50% 的水泥。

（二）粉煤灰在建筑相关制品中的应用

1. 粉煤灰作陶粒

粉煤灰陶粒是用粉煤灰做主要原料，掺入少量胶黏剂和固体燃料，经混合、成球、高温焙烧而制成的一种人造轻质骨料。粉煤灰陶粒的生产一般包括原材料处理、配料及混合、生料球制备、焙烧、成品处理等工艺过程。

生产粉煤灰陶粒的主要原料是粉煤灰，辅助原料是胶黏剂和少量固体燃料。粉煤灰的细度要求是 4900 孔 /cm²，筛余量小于 40%；残余含碳量一般不宜高于 10%，并希望含碳量稳定。由于纯粉煤灰成球较困难，制成的生料球性能较差，掺加少量胶黏剂可改善混合料的塑性，提高生料球的机械强度和稳定性，胶黏剂一般可采用黏土、页岩、煤矸石、纸浆废液等。我国多数采用黏土作联结剂，掺入量一般为 10% ～ 17%。

固体燃料可采用无烟煤、焦炭下脚料、炭质矸石、含碳量大于 20% 的炉渣等。我国多数厂家采用无烟煤作补充燃料。在实际生产中配合料的总含碳量控制在 4% ～ 6%。配好的配合料需搅拌均匀。常用的搅拌设备有混合筒、双轴搅拌机、砂浆搅拌机等。混合料质量控制为：细度 4900 孔 $/cm^2$、筛余量小于 30%、含碳量 4% ～ 6%、水分小于 20%。制备粉煤灰陶粒生料球的设备比较多，主要有挤压成球机、成球筒、对辊压球机、成球盘等。目前国内普遍采用成球盘成球。生料成球后即可焙烧，国内焙烧粉煤灰陶粒的设备主要有烧结机、回转窑、机械化立窑和普通立窑。

粉煤灰陶粒的主要特点是质量小、强度高、热导率低、耐火度高、化学稳定性好等，它比天然石料具有更为优良的物理力学性能。粉煤灰陶粒可用于配制各种用途的高强度轻质混凝土，可以应用于工业与民用建筑、桥梁等许多方面。采用粉煤灰陶粒混凝土可减轻建筑结构及构件的自重，改善建筑物使用功能，节约材料用量，降低建筑造价，特别是在大跨度和高层建筑中，陶粒混凝土的优越性更为显著。

2. 蒸制粉煤灰砖

蒸制粉煤灰砖是以电厂粉煤灰和生石灰或其他碱性激发剂为主要原料，也可掺入适量的石膏，并加入一定量的煤渣或水淬矿渣等骨料，经加工、搅拌、消化、轮碾、压制成型、常压或高压蒸汽养护后而制成的一种墙体材料。生产蒸制粉煤灰砖是用粉煤灰与石灰、石膏，在蒸汽养护条件下相互作用，生成胶凝性物质来提高砖的强度。粉煤灰用量可为 60% ～ 80%，石灰的掺量一般为 12% ～ 20%，石膏的掺量为 2% ～ 3%。

蒸制粉煤灰砖，以湿法排出的粉煤灰，从渣场捞取后，需要经过人工脱水或自然脱水，将含水量降至 8% ～ 20% 才能使用。配制好的混合料，必须经过搅拌、消化和轮碾才能成型。搅拌一般在搅拌机中进行，使用生石灰时、混合料必须经过消化过程，否则被包裹在砖坯中的石灰颗粒继续消化会产生起泡、炸裂、严重影响砖的成品率和质量。轮碾的目的在于使物料均匀，增加细度，活化表面，提高密实度，从而提高粉煤灰砖的强度。成型设备可用夹板锤成各种压砖机。成型后的砖坯即可进行蒸汽养护。蒸汽养护的目的在于加速粉煤灰中的活性成分（活性 SiO_2 和活性 Al_2O_3）和氢氧化钙之间的水化和水热合成反应，生成具有强度的水化产物，缩短硬化时间，使砖坯在较短的时间内达到预期的产品机械强度和其他物理力学性能指标。目前生产中采用常压蒸汽压力和温度各不相同。常压养护用的饱和蒸气压（绝对）一般为 0.1MPa，温度为 95～100℃；高压养护用的蒸气压（绝对）为 0.9～1.6MPa，温度为 174～200℃。常压养护通常为砖石或钢筋混凝土构筑的蒸汽养护室，高压养护则为密闭的圆筒形金属高压容器高压釜。常压蒸汽养护和高压蒸汽养护的养护制度都包括静停、升温、恒温和降温几个阶段。高压养护因需配置高压釜，耗费钢材较多，基建投资大，目前国内多数粉煤灰建材厂采用常压蒸汽养护。在我国南方这种砖可以应用于一般工业厂房和民用建筑中。

3. 烧结粉煤灰砖

粉煤灰烧结砖是以粉煤灰、黏土及其他工业废料为原料，经原料加工、搅拌、成型、干燥、焙烧制成砖。其生产工艺和黏土烧结砖的生产工艺基本相同，只需在生产黏土砖的工艺土增加配料和搅拌设备即可。粉煤灰烧结砖的原料一般配比是：粉煤灰 30%～80%，煤矸石 10%～30%，黏土 20%～50%，硼砂 1%～5%，能烧结 75～150 号烧结砖。烧结粉煤灰砖利用工业废渣可节省部分土地；粉煤灰中含有少量的碳，可节省燃料；粉煤灰可作黏土助剂，使干燥过程中裂纹少，损失率低；烧结粉煤灰砖比普通黏土砖轻 20%，可减轻建筑物自重和造价。

4. 粉煤灰硅酸盐砌块

粉煤灰硅酸盐砌块是以粉煤灰、石灰、石膏为胶凝材料，煤渣、高炉硬矿渣等为骨料，加水搅拌、振动成型、蒸汽养护而成的墙体材料，简称粉煤灰砌块。各种原料的一般配合比为：粉煤灰 27%～32%，灰渣 45%～55%，石灰 15%～25%，石膏 2%～5%，用水量为 30%～36%。在生产中各种原料均要求一定细度。粉煤灰的细度要求是在 4900 孔 /cm² 筛上筛余量不大于 20%。石灰和石膏的细度要求控制在 4900 孔 /m²，筛上筛余量 20%～25%。

煤渣的粒度要求为最大容许粒径小于 40mm；1.2mm 以下颗粒含量小于 25%。粉煤灰砌块的生产一般包括原料处理、混合料制备、振动成型、蒸汽养护和成品堆放等过程。

混合料制备的主要工序为配料与搅拌。搅拌用强制式搅拌机或矿砂浆搅拌机。制备的混合料属于半干硬性轻质混凝土，为了保证制品的密实度需采用振动成型的方法。振动成型的设备可选用振动台。制品成型所用的模板以钢模板为好。混合料经振动成型后为了加速制品中胶凝材料的水热合成反应，使制品在较短时间内凝结硬化达到预期的强度，需要对制品进行蒸汽养护。常压蒸汽养护制度：静停 3h，温度为 50℃左右。升温 6 ~ 8h，恒温 8 ~ 10h，温度为 90 ~ 100℃，降温 3h 左右，总养护周期为一昼夜。生产实践表明，这种砌块具有良好的耐久性，抗压强度为 9.8 ~ 19.6MPa，能节约水泥、减轻自重、缩短工期、造价低廉，并能提高生产效益。20 世纪 80 年代上海市曾用粉煤灰硅酸盐砌块建筑了数百万平方米的五六层住宅。

5. 粉煤灰加气温凝土

粉煤灰加气混凝土是以粉煤灰为原料，适量加入生石灰、水泥、石膏及铝粉，加水搅拌呈浆，注入模具蒸养而成的一种多孔轻质建筑材料。其各种原料的配比为：粉煤灰 63% ~ 68%，生石灰 10% ~ 18%，石膏 10%，水泥 17% ~ 27%，铝粉用量为 50 ~ 450g/m³。粉煤灰加气混凝土的生产工艺包括原料处理、配料浇注、静停切割、高压养护等几个工序。

另外，粉煤灰加气温凝土的强度主要依靠粉煤灰中的二氧化硅、二氧化二铝和水泥、石灰中的氧化钙在蒸汽养护的条件下进行化学反应，生成水化硅酸盐而得到。发气剂主要是铝粉，过氧化氢（加漂白粉）等也可作为发气剂。粉煤灰加气混凝土的特点是质量轻且具有一定的强度，绝热性能好，防火性能好，易于加工等，因而它是一种良好的墙体材料。

6. 粉煤灰轻质耐热保温砖

利用粉煤灰可生产出质量较好的轻质黏土耐火材料——轻质耐火保温砖。其原料可用粉煤灰、烧石、软质土及木屑进行配料，也可用粉煤灰、紫木节、高岭土及木屑进行配料。其原料的配比和粒度要求见表 6-2。

表 6-2 粉煤灰轻质耐火保温砖的配比和粒度

原料的名称	配比	粒度 /mm	原料名称	配比	粒度 /mm
粉煤灰	36%	4.699 ~ 2.362	粉煤灰	65%	4.699 ~ 2.362
烧石	5%	0.991	紫木节	24%	0.701
软质土	43%	0.701	高岭土	11%	0.701
木屑	16%	2.362	木屑	1.2m³/t（配料表）	2.362

一般而言，粉煤灰轻质耐火保温砖生产过程如下：①将各种原料分别进行粉碎，按照粒度要求进行筛分并分别存放。粉煤灰要求除去杂质，最好选用分选后的空心微珠，将几种原料配好后、先干混均匀。②送入单轴搅拌机中并加入60℃以上的温水开始粗混。③送到搅拌机中进行捏练，当它具有一定的可塑性时。④送往双轴搅拌机中进行充分捏练。⑤成型制坯。

混拌捏练好的泥料，从下料口送入拉坯机，拉出的泥条经分型切坯便得出泥毛坯。泥毛坯在干燥窑内经过18～24h干燥，毛坯水分降至8%以下，这时即可卸车、码垛、待烧。经干燥后的半成品放入倒焰窑或隧道窑中烧成，在倒焰窑中的烧成温度为1200℃，共需烧成时间44h，其中恒温时间为4h，熄火后逐步将湿度冷却至60℃以下就可出窑。

粉煤灰轻质耐火保温砖的特点是保温效率高，耐火度高，热导率小，能减轻炉墙厚度，缩短烧成时间，降低燃料消耗，提高热效率，降低成本，现已被广泛应用于电力、钢铁、机械、军工、化工、石油、航运等工业方面。

7. 蒸压生产泡沫粉煤灰保温砖

泡沫粉煤灰保温砖是以粉煤灰为主要原料，加入一定量的石灰和泡沫剂，经过配料、搅拌、浇注成型和蒸压而成的一种新型保温砖。其配比一般为粉煤灰78%～80%，生石灰20%～22%和适量泡沫剂。泡沫剂是由松香、氢氧化钠、水胶经皂化反应而成。具体配法是1000g松香加上180～200g氢氧化钠，进行皂化反应。将其反应物松脂酸皂进行过滤清洗，加水胶1000g进行浓缩反应，生成母液，再配上适量的水。泡沫粉煤灰保温砖的生产过程是先将粉煤灰和生石灰混合均匀，再加入泡沫剂，待其密度降至650～700kg/m³时，向模内进行低位浇注，盖好盖板，最后送入卧式蒸压釜内进行蒸压养护。蒸压制度是静停1h，养护3h，升温1h，使温度和压力缓慢上升，直至达到185℃和0.8MPa为止，恒温4h，然后使温度自然缓慢下降。这种蒸压泡沫粉煤灰保温砖适用于1000℃以下的各种管道冷体表面，高温窑炉中保温绝热。

（三）粉煤灰作农业肥料与土壤改良剂

1. 粉煤灰作土壤改良剂

粉煤灰具有良好的物理化学性质，能广泛应用于改造重黏土、生土、酸性土和盐碱土，弥补其酸、瘦、板、黏的缺陷。其主要作用机理包括以下五个面：

（1）改善土壤的可耕性。粉煤灰施入土壤后，可使土壤颗粒组成发生变化。黏质土壤掺入粉煤灰，可变得疏松，黏粒减少，砂粒增加。对盐碱性土壤，施用前土壤含小于0.01mm的黏粒44.5%，亩施5t粉煤灰后降为44.1%，亩施25t粉煤灰后降为38.6%；对于黏土，未施前土壤中小于0.01的黏粒为75.09%，亩施0.5t降为71.57%，亩施15t后降为65.56%，这说明土壤中小于0.01的黏粒随着粉煤灰的使用量增加而减少，从而改善了土壤的可耕性。

（2）改善酸性土和盐碱土。春耕前土壤容积密度平均为1260kg/m³，秋后每亩可施灰20t，测得容积密度降为1010kg/m³，达到了肥沃土壤的指标。土壤容积密度的降低，表明土壤的空隙率增加，一般土壤施用粉煤灰后空隙率可增加6%～22%，因而改善了土壤的透水透气性，促进了土壤的水、热、气的交换。粉煤灰中由于含大量CaO、MgO、Al_2O_3等有用组分，用于酸碱土能有效改变其酸碱性。

（3）提高土壤温度。粉煤灰呈现黑色，吸热性能好，施入土壤后，一般可使土层温度提高1～2℃。一般而言，亩施灰1.25t，地面温度16℃，亩施灰5t，地面温度17℃，亩施灰7.5t，地下5～10cm处的土层增温0.7～2.4℃。地温提高对土壤养分的转化、微生物的活动、种子萌芽和作物生长发育都有促进作用。用它覆盖小麦和水稻育苗，可使秧苗发芽快、长得壮、抗低温，利于作物早熟和丰产。

（4）提高土壤保水能力。作为植物生长的土壤富有一定的空隙率，粉煤灰中的硅酸盐矿物与炭粒具有多孔性，因此，将粉煤灰施入土壤，能进一步改善土壤的空隙率和溶液在土壤中的扩散情况，从而调节土壤的含水量，有利于植物正常生长。田间试验表明，施灰的土壤比未施灰的土壤其水分高4.9%～9.6%；每亩施灰0.625t，土壤含水率为21.98%；每亩施灰20t，土壤含水率为26.2%。

（5）增加土壤的有效成分、提高土壤肥力。粉煤灰除含有氮、磷、钾之外，还含有锰、铁、钠、硅、钙等元素，故可视为复合微量元素肥料，对农作物的生长有良好的促进作用。其中含氮量为0.05%～0.6%，含五氧化二磷为0.08%，含钾为4%左右。故土壤中施入粉煤灰可增加其有效成分，提高肥力。施用粉煤灰后，一般都能增产15%～20%。

2. 粉煤灰作农业肥料

当粉煤灰含有大量可溶性硅时，可做硅钙肥；当含有较高可溶性钙、镁时，可做改良酸性土壤的钙镁肥；当含有一定磷、钾及微量组分时，可制造各种复合肥。粉煤灰中含有大量 SiO_2 和 CaO，形成可溶性硅酸钙，经干化后球磨，可制成水稻生长必需的硅钙肥，当粉煤灰含 P_2O_5 达 4% 时，可直接磨细成钙镁磷肥；若含磷量较低，也可适当添加磷矿石、镁粉、添加剂 $Mg(OH)_2$ 和助溶剂等，经焙烧、研磨，制成钙镁磷肥。

（四）粉煤灰作回收工业原料与作环保材料

1. 粉煤灰作回收工业原料

（1）回收煤炭资源。我国热电厂粉煤灰一般含炭 5%～7%，其中含碳大于 10% 的电厂占 30%，这不仅严重影响了漂珠的回收质量，不利于做建材原料，而且也浪费了宝贵的炭资源。煤炭的回收方法主要有以下两种：

第一，浮选法回收湿排粉煤灰中的煤炭，浮选法就是在含煤炭粉煤灰的灰浆水中加入浮选药剂，然后来用气浮技术，使煤粒黏附于气泡上浮与灰砟分离。浮选回收的精煤灰具有一定的吸附性，可直接作吸附剂，也可用于制作粒状活性炭。

第二，干灰静电分选煤炭。由于与灰的介电性能不同，干灰在高压电场的作用下发生分离。静电分选碳回收率一般在 85%～90%，尾灰含碳量在 55% 左右。回收煤炭后的灰砟利于做建筑原料。

（2）回收金属物质。粉煤灰中含有 Fe_2O_3、Al_2O_3 和大量稀有金属，在一定条件下，这些金属物质均可回收。粉煤灰中 Fe_2O_3 含量一般在 4%～20%，最高达 43%，当 Fe_2O_3 含量大于 5% 时，即可回收。Fe_2O_3 经高温焚烧后，部分被还原成 Fe_2O_3 和铁粒，可通过磁选回收。其经济价值远优于开矿，社会效益和环境效益则不可估量。粉煤灰含 Al_2O_3 一般在 7%～35%。铝回收目前还处于研究阶段，一般要求粉煤灰中 Al_2O_3 含量大于 25% 时方可回收。目前铝回收主要由高温熔融渣、热酸淋洗法、直接熔解法等多种方法。另外，粉煤灰中还含有大量稀有金属和变价元素，如钼、锗、镓、钪、钛、锌等。

（3）分选空心微珠。空心微珠是由 51%～60% SiO_2、26.2%～39.9% Al_2O_3、2.2%～8.7% Fe_2O_3 以及少量钾、铁、钙、镁、钠、硫的氧化物组成的熔融法结晶体，它是在 1400～2000℃ 温度下或接近超流态时，受到 CO_2 的扩散、冷却固化与外部压力作用而形成的。当快冷时形成能浮于水上的薄壁珠，慢冷时形成圆滑的厚壁珠。空心微珠的密度一般只有粉煤灰的 1/3，其粒径为 0.3～300μm，大多数在 75～125μm，目前，国内主要采用干法机械分选和湿法分选两种方法来分选空心微珠。空心微珠具有质量小、高强度、耐高温和绝缘性能好等多种优异性能，因而已成为一种多功能的无机材料，主要应用在以下方面：

第一，应用于塑料工业中。空心微珠是塑料的理想填料。其用于聚氯乙烯制品、可以提高软化点10℃以上，并提高硬度和抗压强度、改善流动性。用环氧树脂作胶黏剂，聚氯乙烯掺和空心微珠材料可制成复合泡沫材料。用它作聚乙烯、苯乙烯的充填材料，不仅可提高其光泽、弹性和耐磨性，而且具有吸音减振和耐磨效果。空心微珠目前已用于生产各种管材、异型材、地板、聚氯乙烯泡沫塑料以及钙塑制品等，其综合效益显著。

第二，用于轻质耐火材料和高效保温材料。粉煤灰是高温热动力作用的产物，高熔点成分富集，热稳定性好。空心微珠具耐热、隔热和阻燃的特点，是新型高效保温材料和轻质耐火材料，如利用空心微珠生产轻质隔热耐火砖。通过实验表明：空心微珠生产的耐火材料一般节电达30%～40%，在使用温度上比普通硅酸铝耐火纤维炉衬高出150～200℃，且具有质轻、耐高温、隔热性能好、耐压强度高、节能等特点，可广泛应用于机械、冶金、化工、陶瓷和玻璃等多种行业。空心微珠最大优点是在高温下具有优异的保温性能，而且与它同体积的硅酸铝纤维复合型保温帽相比，价格便宜50%～70%，它的综合性能优于国内现有的各类保温帽。

第三，应用于石油化学工业。空心微珠表面多微孔，可作石油化工的裂化催化剂和化学工业的化学反应催化剂，以提高产品的产量和质量；也可用作化工、医药、酿造、水工业等行业的无机球状填充剂、吸附剂和过滤剂。它由于硬度大、耐磨性能好，常被作为燃料工业的研磨介质，做墙面地板的装饰材料。以树脂为黏合剂，空心微珠为主要填料，再加入增强剂制成的微珠人造大理石，具有材质轻、强度高、耐腐蚀、易加工、施工方便等优点，用于建筑工程的墙面、台面、柱面和顶板等，装饰效果可与天然大理石相媲美。利用厚壁微珠还可生产耐磨涂料。

第四，在其他方向的应用。空心微珠的轻质、耐腐蚀和高强度等性能，使之在军工领域被用作航天航空设备的表面复合材料和防热系统材料，也常被用于坦克刹车。

2. 粉煤灰作环保材料

（1）环保材料开发。利用粉煤灰可制造分子筛、絮凝剂和吸附材料等环保材料。利用粉煤灰生产工艺技术与常规生产相比，生产每吨分子筛可节约

0.72t Al（OH）₃、1.8t 水玻璃和 0.8t 烧碱，且生产工艺中省去了稀释、沉降、浓缩、过滤等流程，生产的分子筛产品质量优于化工合成的产品。粉煤灰中 Al2O3 含量高，主要以富铝水玻璃体形式存在。用粉煤灰与铝土矿、电石泥等高温焙烧，提高 Al_2O_3、Fe_2O_3 的活性，再用盐酸浸提，一次可制成液态铝铁复合混凝水处理剂，它的水解产物比单纯聚合铝、聚合铁的水解产物价位高，因而具有强大的凝聚功能和净水效果，是良好的絮凝剂。浮选回收的精煤具有活化性能，可用以制作活性炭或直接作吸附剂，直接用于印染、造纸、电镀等各行各业工业废水和有害废气的净化、脱色、吸附重金属离子，以及航空航天火箭燃烧剂的废水处理。

（2）用于废水处理。粉煤灰可用于处理含氟废水、电镀废水与含重金属离子废水和含油废水。粉煤灰中含有 Al_2O_3、CaO 等活性组分、它们能与氟生成配合物或生成对氟有絮凝作用的胶体离子，具有较好的除氟能力，它对电解铝、磷肥、硫酸、冶金、化工和原子能等生产中排放的含氟废水处理具有一定的去除效果。粉煤灰中含沸石、莫来石、炭粒和硅胶等，具有无机离子交换特性和吸附脱色作用。粉煤灰对电镀废水中铬等重金属离子具有很好的去除效果，去除率一般在 90% 以上。若用 $FeSO_4$ 粉煤灰法处理含铬废水，铬离子去除率达 99% 以上。此外，粉煤灰还可以用于处理含汞废水，吸附了汞的饱和粉煤灰经焙烧将汞转化成金属汞回收，回收率高，其吸附性能优于粉末活性炭。电厂、化工厂、石化企业废水成分复杂，甚至会出现轻焦油、重焦油和原油混合乳化的情况，用一般的处理方法效果不太理想，而利用粉煤灰处理，重焦油被吸附后与粉煤灰一起沉入水底，轻焦油被吸附后形成浮渣，乳化油被吸附、破乳，便于从水中除去，达到较好的效果。

第二节 高炉渣的综合利用

高炉渣是冶炼生铁时从高炉中排出的废物。炼铁的原料主要是铁矿石、焦炭和助熔剂。当炉温达到 1400 ~ 1600℃时，炉料熔融，矿石中的脉石、焦炭中的灰分和助熔剂和其他不能进入生铁中的杂质形成以硅酸盐和铝酸盐为主浮在铁水上面的熔渣，称为高炉渣。每生产 1t 生铁时高炉渣的产生量，随着矿石品位和冶炼方法不同而变化。一般而言，采用贫铁矿炼铁时，每吨生铁产生 1.0～1.2t 高炉渣；采用富铁矿炼铁时，每吨生铁只产生 0.25t 高炉渣。由于近代选矿和炼铁技术的提高，高炉渣量已下降。

一、高炉渣的划分与组成

（一）高炉渣的类型划分

由于炼铁原料品种和成分的变化以及操作等工艺因素的影响，高炉渣的组成和性质也不同，高炉渣的分类主要有以下两种方法。

第一，按照冶炼生铁的品种分类：①铸造生铁矿渣。冶炼铸造生铁时排出的矿渣。②炼钢生铁矿渣。冶炼供炼钢用生铁时排出的矿渣。③特种生铁矿渣。用含有其他金属的铁矿石熔炼生铁时排出的矿渣。

第二，按照矿渣的碱度区分。高炉渣的化学成分中的碱性氧化物之和与酸性氧化物之和的比值称为高炉渣的碱度或碱性率，以 M_0 表示，即：

$$M_0 = \frac{m(\text{CaO}) + m(\text{MgO})}{m(\text{SiO}_2) + m(\text{Al}_2\text{O}_3)} \tag{6-1}$$

当 Al_2O_3 和 MgO 的含量不大时，

$$M_0 = \frac{m(\text{CaO})}{m(\text{SiO}_2)} \tag{6-2}$$

按高炉渣的碱度可将其分为 3 类：碱性渣（$M_0 > 1$）、中性渣（$M_0 = 1$）和酸性渣（$M_0 < 1$）。我国高炉渣大部分属于中性渣，碱度一般为 0.99～1.08。这是高炉渣最常用的一种分类方法。碱性率比较直观地反映了重矿渣中碱性氧化物和酸性氧化物含量的关系。

（二）高炉渣的组成要素

高炉渣中的主要化学成分是二氧化硅（SiO_2）、三氧化二铝（Al_2O_3）、氧化钙（CaO）、氧化镁（MgO）、氧化锰（MnO）、氧化铁（FeO）和硫（S）等。此外有些矿渣还含有微量的氧化钛（TiO_2）、氧化钒（V_2O_5）、氧化钠（Na_2O）、氧化钡（BaO）、五氧化二磷（P_2O_5）、三氧化二铬（Cr_2O_3）等。在高炉渣中氧化钙（CaO）、二氧化硅（SiO_2）、三氧化二铝（Al_2O_3）占 90%（质量分数）以上。我国大部分钢铁厂高炉渣的化学成分见表 6-3。

表 6-3　我国高炉渣的主要化学成分（质量分数）

名称	CaO	SiO$_2$	Al$_2$O$_3$	MgO	MnO
普通渣	38% ~ 49%	26% ~ 42%	6% ~ %17	1% ~ 13%	0.1% ~ 1%
高钛渣	23% ~ 46%	20% ~ 35%	9% ~ 15%	2% ~ 10%	< 1%
锰钛渣	28% ~ 47%	21% ~ 37%	11% ~ 24%	2% ~ 8%	5% ~ 23%
含氟的渣	35% ~ 45%	22% ~ 29%	6% ~ 8%	3% ~ 7.8%	0.1% ~ 0.8%
名称	Fe$_2$O$_3$	TiO$_2$	V$_2$O$_5$	S	F
普通渣	0.15% ~ 2%-	—	—	0.2% ~ 1.5%	—
高钛渣	—	20% ~ 29%	0.1% ~ 0.6%	< 1%	—
锰钛渣	0.1% ~ 1.7%	—	—	0.3% ~ 3%	—
含氟的渣	0.15% ~ 0.19%	—	—	—	7% ~ 8%

　　高炉渣的化学成分随矿石的品位和冶炼生铁的种类不同而变化。当冶炼炉料固定和冶炼正常时,高炉渣的化学成分的波动很小,对综合利用是有利的。高炉渣的矿物组成与生产原料和冷却方式有关。高炉渣中的各种氧化物成分以各种形式的硅酸盐矿物形式存在。

　　碱性高炉渣的主要矿物是黄长石,它是由钙铝黄长石（2CaO-Al$_2$O$_3$·SiO$_2$）和钙镁黄长石（2CaO·MgO·SiO$_2$）组成的复杂固溶体,其次含有硅酸盐二钙（2CaO·SiO$_2$）,再次是少量的假硅灰石（CaO·SiO$_2$）、钙长石（CaO·Al$_2$O$_3$·2SiO$_2$）、钙镁橄榄石（CaO·MgO·SiO$_2$）、镁蔷薇辉石（3CaO·MgO·SiO$_2$）以及镁方柱石（2CaO-MgO$_2$·SiO$_2$）等。

　　酸性高炉渣由于其冷却的速度不同,形成的矿物也不一样。当快速冷却时全部冷凝成玻璃体;在缓慢冷却时（特别是弱酸性的高炉渣）往往出现结晶的矿物相,如黄长石、假硅灰石、辉石和斜长石等。

　　高钛高炉渣主要矿物成分是钙钛矿、钛辉石、巴依石和尖晶石等;锰铁高炉渣中主要矿物是锰橄榄石（2MnO·SiO$_2$）。

　　根据高炉渣的化学成分和矿物组成,高炉渣属于硅酸盐材料范畴,适于加工制作水泥、碎石、骨料等建筑材料。

二、高炉渣的综合利用分析

高炉渣的处理方法不同，其利用途径也不相同，目前我国主要采用水淬工艺处理粒状高炉渣，用于生产水泥，少量被加工成矿渣碎石用于各种建筑工程。

（一）膨珠的利用

近年来发展起来的膨珠生产工艺制取的膨珠质轻、面光、自然级配好、吸音、隔热性能好，可以制作内墙板楼板等，也可用于承重结构。用作混凝土骨料可节约 20% 的水泥。我国采用膨珠配制的轻质混凝土密度为 1400 ~ 2000kg/m³，较普通混凝土轻 1/4 左右，抗压强度为 9.8 ~ 29.4MPa，导热系数为 0.407 ~ 0.528W/m·K，具有良好的物理力学性质。膨珠作轻质混凝土在国外也广泛使用，美国钢铁公司在匹茨堡建造了一座 64 层办公大楼，用的就是这种轻质混凝土。

（二）水泥渣的利用

我国高炉渣主要用于生产水泥和混凝土。我国有大部分的水泥中掺有水渣。由于水渣具有潜在的水硬胶凝性能，在水泥熟料、石灰、石膏等激发剂作用下，可显示出水硬胶凝性能，是优质的水泥原料。目前我国使用水泥渣制作的建材主要有以下方面：

1. 矿渣砖

矿渣砖是用水渣加入一定量的水泥等胶凝材料，经过搅拌、成型和蒸汽养护而成的砖。矿渣砖所用水渣粒度一般不超过 8mm，入窑蒸汽温度 80 ~ 100℃，养护时间 12h，出窑后，即可使用。用 87% ~ 92% 粒化高炉矿渣，5% ~ % 水泥，加入 3% ~ 5% 的水混合，所生产的砖强度可达到 10MPa 左右，能用于普通房屋建筑和地下建筑。此外，将高炉矿渣磨成矿渣粉，按质量比加入 47% 矿渣粉和 60% 的粒化高炉矿渣，再加水混合成型，然后再在 1.0 ~ 1.1MPa 的蒸汽压力下蒸压 6h，也可得到抗压强度较高的砖。

2. 矿渣混凝土

矿渣混凝土是以水渣为原料，配入激发剂（水泥熟料、石灰、石膏），放入轮碾机中加水碾磨与骨料拌合而成，其配合比见表 6-4。

表 6-4　矿渣混凝土配合比

主要项目	不同标号混凝土配合比			
	C15	C20	C30	C40
水泥	—	—	≤ 15	20
石灰	5 ～ 10	5 ～ 10	≤ 5	≤ 5
石膏	1 ～ 3	1 ～ 3	0 ～ 3	0 ～ 3
水	17 ～ 20	16 ～ 18	15 ～ 17	15 ～ 17
水灰比	0.5 ～ 0.6	0.45 ～ 0.55	0.35 ～ 0.45	0.34 ～ 0.45
砂浆细度	≥ 25	≥ 30	≥ 35	≥ 40
浆：矿渣（质量比）	1∶1 ～ 1∶1.2	1∶0.75 ～ 1∶1	1∶0.75 ～ 1∶1	1∶0.5 ～ 1∶1

注：①表中配合比以砂浆 100 为基数。
②水泥以 40MPa 号硅酸盐水泥为准。

矿渣混凝土的各种物理力学性能，如抗拉强度、弹性模量、耐疲劳性能和钢筋的粘接力均与普通混凝土相似。其优点在于具有良好的抗水渗透性能，可以制成不透水性能很好的防水混凝土；具有很好的耐热性能，可以用于工作温度在 600℃以下的热工工程中，能制成强度达 50MPa 的混凝土，此种混凝土适宜在小型混凝土预制厂生产混凝土构件，但不适宜在施工现场浇筑使用。我国于 1959 年推广采用矿渣混凝土，经过长期使用考验，大部分质量良好。

3. 矿渣硅酸盐水泥

矿渣硅酸盐水泥简称矿渣水泥，是用硅酸盐水泥熟料和粒化高炉渣加 3% ～ 5% 的石膏混合磨细制成的水硬性胶凝材料。其水渣加入量视所生产的水泥标号而定，一般为 20% ～ 70%。由于该种水泥吃渣量较大，因而是我国水泥产量最多的品种，目前，我国大多数水泥厂采用水渣生产 400 号以上的矿渣水泥。与普通水泥相比，这种水泥具有以下特点：

（1）具有较强的抗溶出性和抗硫酸盐侵蚀性能，故能适用于水上工程海港及地下工程等，但在酸性水及含镁盐的水中，矿渣水泥的抗侵蚀性较普通水泥差。

（2）水化热较低，适合于烧筑大体积混凝土。

（3）耐热性较强，使用在高温车间及高炉基础等容易受热的地方比普通水泥好。

（4）早期强度低，而后期强度增长率高，所以在施工时应注意早期养护。此外，在循环受干湿或冻融作用条件下，其抗冻性不如硅酸盐水泥，所以不宜用于水位时常变动的水工混凝土建筑中。

4. 石膏矿渣水泥

石膏矿渣水泥是由80%左右的水渣，加15%左右的石膏和少量硅酸盐水泥熟料或石灰混合磨细制得的水硬性胶凝材料。其中石膏的作用在于提供水化时所需要的硫酸钙成分，属于硫酸盐激发剂；少量硅酸盐水泥熟料或石灰是对矿渣起碱性活化作用，能促进铝酸钙和硅酸钙的水化，属于碱性激发剂，一般情况下，石灰加入量为3%～5%以下，硅酸盐水泥熟料掺入量在5%～8%以下。这种石膏矿渣水泥成本较低，具有较好的抗硫酸盐侵蚀和抗渗透性，适用于混凝土的水工建筑物和各种预制砌块。

5. 石灰矿渣水泥

石灰矿渣水泥是将干燥的粒化高炉矿渣、生石灰或消石灰以及5%以下的天然石膏，按适当的比例配合磨细而成的一种水硬性胶凝材料。石灰的掺入量一般为10%～30%，它的作用是激发矿渣中的活性成分，生成水化铝酸钙和水化硅酸钙。石灰掺量太少，矿渣中的活性成分难以充分激发；掺量太多，则会使水泥凝结不正常、强度下降和安定性不良。石灰的掺入量往往随原料中氧化铝含量的变化而变化，氧化铝含量高或氧化钙含量低时应多掺入石灰，通常在12%～20%范围内配制。该水泥适用于蒸汽养护的各种混凝土预制品，水中地下路面等的无筋混凝土和工业与民用建筑砂浆。

（三）矿渣碎石的利用

矿渣碎石的物理性能与天然岩石相近，其稳定性、坚固性、撞击强度以及耐磨性、韧度均满足工程要求。矿渣碎石的用途很广，用量也很大，在我国可代替天然石料用于公路、机场、地基工程、铁路道砟、混凝土骨料和沥青路面等。

第一，配制矿渣碎石混凝土。矿渣碎石混凝土是利用矿渣碎石作为骨料配制的混凝土。其配制方法与普通混凝土相似，但用水量稍高，其增加的用水量，一般按重矿渣质量的1%～2%计算。矿渣碎石混凝土具有与普通混凝土相近的物理力学性能，而且还有良好的保温、隔热、耐热、抗掺和耐久性能。一般用矿渣碎石配制的混凝土与天然骨料配制的混凝土强度相同时，其混凝土密度减轻20%。矿渣碎石混凝土的抗压强度随矿渣密度的增加而增高，配制不同标号混凝土所需矿渣碎石的松散密度见表6-5。

表6-5　不同标号的混凝土所用矿渣碎石松散密度

混凝土的标号	C40	C30 ~ C20	C15
松散密度 / （kg/m³）	1300	1200	1100

矿渣混凝土的使用在我国已有半个多世纪的历史，中华人民共和国成立后在许多重大建筑工程中都采用了矿渣混凝土，实际效果良好。例如，鞍钢的许多冷却塔是20世纪30年代用矿渣碎石混凝土建造的，至今仍完好，鞍钢的8号高炉基础也是20世纪30年代建造的，其矿渣碎石混凝土的基础良好。

第二，矿渣碎石在地基工程中的应用。矿渣碎石的强度与天然岩石的强度大体相同，其块体强度一般都超过50MPa，因此矿渣碎石的颗粒强度完全能够满足地基的要求。矿渣碎石用于处理软弱地基在我国已有几十年的历史，一些大型设备的混凝土，如高炉基础、轧钢机基础、桩基础等，都可用矿渣碎石作骨料。

第三，矿渣碎石在道路工程中的应用。矿渣碎石具有缓慢的水硬性，对光线的漫射性能好，摩擦系数大，非常适于修筑道路。用矿渣碎石作基料铺成的沥青路面既明亮，防滑性能又好，还具有良好的耐磨性能，制动距离缩短。矿渣碎石还比普通碎石具有更高的耐热性能，更适用于喷气式飞机的跑道上。

第四，矿渣碎石在铁路道砟上的应用。矿渣碎石可用来铺设铁路道砟，并可适当吸收列车行走时产生的振动和噪声。我国铁路线上采用矿渣道砟的历史较久，但大量利用是在中华人民共和国成立后开始的。目前矿渣道砟在我国钢铁企业专用铁路线上已得到广泛应用。

（四）高炉渣的其他利用

高炉渣还可以用来生产一些用量较小，而产品价值高，又有特殊性能的高炉渣产品，如矿渣棉及其制品、热铸矿渣、矿渣铸石及微晶玻璃、硅钙渣肥等。下面以矿渣棉和微晶玻璃的生产为例进行阐述。

1. 高炉渣生产矿渣棉

矿渣棉是以高炉渣为主要原料，在熔化炉中熔化后获得熔融物再加以精制而得的一种白色棉状矿物纤维，它具有质轻、保温、隔热、隔音、防震等性能。其化学成分和物理性能见表6-6、表6-7。

表6-6　矿渣棉的化学成分

化学成分	SiO_2	Al_2O_3	CaO	MgO	S
含量	32% ~ 42%	8% ~ 13%	32% ~ 43%	5% ~ 10%	0.1% ~ 0.2%

表6-7　矿渣棉的物理性能

容积密度 /（kg/m³）	导热系数 /（W/m·K）	烧结温度 /℃	纤维直径 /μm	渣球含量（直径 < 0.5%）	使用温度范围 /℃
一级 <100	< 0.044	800	< 6	< 6%	−200 ~ 700
二级 <150	< 0.046	800	< 8	< 10%	−200 ~ 700

注：密度在 1.96Pa 压力下。

生产矿渣棉的方法有喷吹法和离心法两种：原料在熔炉熔化后流出，即用蒸汽或压缩空气喷吹成矿渣棉的方法叫喷吹法；原料在熔炉熔化后落在回转的圆盘上，用离心力甩成矿渣棉的方法叫离心法。矿渣棉的主要原料是高炉渣，占 80% ~ 90%，还有 10% ~ 20% 的白云石、萤石和其他如红砖头、卵石等，生产矿渣棉的燃料是焦炭。生产分配料、熔化喷吹、包装 3 个工序。

一般而言，矿渣棉可用作保温材料、吸音材料和防火材料等，由它加工的产品有保温板、保温毡、保温筒、保温带、吸音板、窄毡条、吸音带、耐火板及耐热纤维等，矿渣棉广泛用于冶金、机械、建筑、化工和交通等部门。

2. 高炉渣生产微晶玻璃

微晶玻璃是近几十年发展起来的一种用途广泛的新型无机材料，高炉渣可作为其原料之一。矿渣微晶玻璃的主要原料是 62% ~ 78% 的高炉渣、22% ~ 38% 的硅石或其他非铁冶金渣等，其制法是在固定式或回转式炉中，将高炉渣与耐石和结晶促进剂一起熔化成液体，然后用吹、压等一般玻璃成型方法成型，并在 730 ~ 830℃下保温 3h，最后升温至 1000 ~ 1100℃保温 3h 使其结晶、冷却即为成品。加热和冷却速度宜低于每分钟 5℃，结晶催化剂为若干氟化物、磷酸盐和铬、锰、钛、铁、锌等多种金属氧化物，其用量视高炉渣的化学成分和微晶玻璃的用途而定，一般为 5% ~ 10%。一般矿渣微晶玻璃需要配成如下化学组成：$SiO_2$40% ~ 70%，$Al_2O_3$5% ~ 15%，CaO15% ~ 35%，MgO2% ~ 12%，Na_2O2% ~ 12%，晶核剂 5% ~ 10%。

矿渣微晶玻璃产品，比高碳钢硬，比铝轻，其机械性能比普通玻璃好，耐磨性不亚于铸石，热稳定性好，电绝缘性能能与高频瓷接近。矿渣微晶玻璃用于冶金、化工、煤炭、机械等工业部门的各种容器设备的防腐层和金属表面的耐磨层以及制造溜槽、管材等，使用效果也好。

第三节　化学石膏的综合利用

一、化学石膏的分类与组成

化学石膏是在生产某些化工产品时排放的以硫酸钙（$CaSO_4$）为主要成分的一种工业废渣。由磷矿石与硫酸反应制造磷酸时所得到的硫酸钙称为磷石膏；由萤石与硫酸反应制氯氟酸得到的硫酸钙称为氟石膏；生产二氧化钛和苏打时所得到的硫酸钙分别称为钛石膏和苏打石膏。其中，以磷石膏产量最大，每生产 1t 磷酸约排出 5t 磷石膏。目前，我国磷石膏的年排放量超过 1000 万 t，世界磷石膏的年排放量接近 2 亿吨。此外，我国氟石膏的排放量也达到了 45 万吨 / 年。

磷石膏为粉末状，颗粒直径 5 ~ 150μm，外观呈灰白、灰、灰黄、浅黄、浅绿等多种颜色。磷石膏的主要成分是二水合硫酸钙，即含有 20% 的水分，其次是少量未分解的磷矿以及未洗涤干净的磷酸、氟化钙、铁等多种杂质。相对密度为 2.22 ~ 2.37；容重为 0.733 ~ 0.880g/cm³。磷石膏中还含有铀、钍放射性元素和铈、钒、钛、锗等稀有元素。磷石膏的化学组成见表 6-8。

表6-8 磷石膏的化学组成 /%

主要成分	CaSO$_4$	Al$_2$O$_3$	Fe$_2$O$_3$	MgO	SiO$_2$	F	P$_2$O$_5$	有机物	结晶水	烧失量
含量	82.0	0.48	0.46	0.12	4.56	0.57	3.52	1.57	6.35	29.0

氟石膏是利用萤石精粉和98%的浓硫酸制取氢氟酸后的副产品，以含硫酸钙为主的废渣。其主要产自无机氟化物和有机氟化物生产厂和其他氢氟酸生产厂，每生产1t氢氟酸就有3.6t无水氟石膏生成。从反应炉中排出的氟石膏主要为Ⅱ型无水石膏，堆放3个月后成分变成以二水石膏为主。由于这种副产品中含有一定量的残余H$_2$SO$_4$、HF等，对环境的污染较大。

由于生产工艺不同，氟石膏分为干法石膏、湿法石膏和堆场石膏。干法石膏是干法氟化铝生产过程中的石膏排渣用石灰粉中和而成，呈灰白色粉粒状；湿法石膏是氢氟酸生产过程中的石膏排渣用石灰乳或黏土矿浆中和，浆化成石膏料浆；堆场石膏是湿法石膏浆化成料浆，泵送至渣场堆放一段时间后自然水化成的二水石膏，呈灰白色或白色块状。氟石膏化学组成见表6-9。

表6-9 氟石膏的化学组成 /%

主要品种	CaO	SO$_3$	SiO$_2$	Al$_2$O$_3$	Fe$_2$O$_3$	MgO	CaF$_2$	H$_2$O（400℃）
干法石膏	40～45	50～58	0.3～2.2	0.1～0.8	0.08～0.6	—	1.2～4.0	0～0.2
湿法石膏	33～39	40～51	0.62～4.1	0.1～2.2	0.05～0.27	0.12～0.9	2.7～6.8	0.1～1.5
堆场石膏	32～38	39～50	0.6～4.0	0.1～2.0	0.05～0.25	0.1～0.8	2.5～6.5	14～18

从表6-9中可以看出，氟石膏中CaSO$_4$品位较高，适宜用作水泥工业和建筑工业原材料。干法石膏和刚出炉的湿法石膏基本不含有结晶水，主要为无水石膏；堆场石膏结晶水含量较高，主要以二水石膏形式存在。石膏中尚存在少量的未反应完全的氟化钙及中和时所带入的其他杂质，这些少量杂质机械混合于石膏中，对石膏的性质影响不大。

废石膏绝大部分是露天堆放，不仅占地面积大，而且还会有氟化氢及氟化硅逸出，对农田、地表水及地下水造成严重的污染。废石膏堆场的废水除具有较高的酸度外，还有氟化物及放射性镭等元素，造成环境的污染。目前，废石膏的主要利用途径有：用于生产建筑用石膏材料；用于制造硫酸和水泥；用作土壤改良剂；转化法制取硫酸铵。

二、化学石膏的综合利用分析

（一）磷石膏的综合利用

磷石膏是湿法生产磷酸或高效磷肥所得的副产品。由于它的排放量大而且含有少量 P_2O_5、F、Ra-226 等对人体有害物质，所以它的利用和处理就成为一个重要问题。

1. 磷石膏作石膏建材

磷石膏成分以 $CaSO_4 \cdot 2H_2O$ 为主，其含量为 70% 左右。磷石膏中二水硫酸钙必须转变成半水硫酸钙方可用于做石膏建材。因为半水石膏的粉末加水调和具有可塑性，加水的半水石膏不久就生成二水石膏而硬化。利用这个性质可将石膏加工成天花板、隔热板、石膏覆面板等各种形状的建材。为了提高制品的强度，还可加入不超过 3% 的麻筋，玻璃纤维以起增强作用。

半水石膏分 α 和 β 两种晶型，前者称为高强石膏，后者称为熟石膏。α 型是结晶较完整与分散度较低的粗晶体，β 型是结晶度较差与分散度较大的片状微粒晶体。β 型水化速度快、水化热高、需水量大，硬化体的强度低，α 型则与之相反。

由磷石膏制取半水石膏的工艺流程大体分为两类：一类是利用高压釜法将二水石膏转化成半水石膏；另一类是利用烘烤法使二水石膏脱水成半水石膏。经测算生产单位产量 α 型半水石膏的能耗仅为生产 β 型半水石膏的 1/4，而 α 型半水石膏的强度是 β 型半水石膏的 4 倍。我国生产磷酸以二水法工艺为主，所产磷石膏杂质含量高，生产 α 型半水石膏较为合适。

（1）α-半水石膏的生产工艺流程。先将磷石膏加水调成浆，真空过滤除去杂质，洗净的磷石膏再加水并投入半水物的晶种以控制半水物。在两个连续的高压釜中，使二水物转变成 α-半水物。生成 α-半水物的最佳条件是 150 ~ 160℃，第二高压釜的出口压力为 8atm，由直接送到高压釜中的蒸汽维持所需的温度。在第一个高压釜中有 80% 的磷石膏转化成 α-半水石膏，脱水时间约3min。成品含水率为8%～15%，经干燥后可做建筑石膏或模制成型。

（2）β－半水石膏的生产工艺流程。典型的β－半水石膏生产工艺流程是浮选两步脱水法和水力旋分器一步脱水法，其工艺流程是将磷石膏悬浮在水中，如具酸性，则用石灰加以中和。经过滤，大部分（约80%～90%）可溶性杂质被除去，用浮选装置（在两步脱水法中）或水力旋分器（在一步脱水法中）进一步净化。在两步脱水法中，经浮选装置净化出来的湿磷石膏送入风力干燥器与热的燃料气对流接触，部分干燥的磷石膏再在流态化床炉内焙烧。流态化所必需的空气量可缩减到最小，因为大部分热量可依靠沉浸在流态化床中的蒸汽管提供。在一步法脱水中，磷石膏经水力旋分器净化后不经干燥直接进入回转窑炉进行干燥，但需精确控制温度防止半水物进一步脱水。

我国用磷石膏制砖的典型工艺是：将二水石膏加热至140～160℃，脱水成β－半水石膏；β－半水石膏具有吸水性，与水混合成可塑性的浆体，隔一定时间即固结；加入一定的矿物活性材料，经压制成砖。

2. 磷石膏作水泥缓冲剂

水泥生产中要使用大量的石膏作为缓凝剂，推迟水泥的凝固时间，保证在施工过程中水泥不固化。石膏之所以能调节水泥的凝结时间，主要是由于水泥熟料中的C_3A和C_4AF与石膏作用，形成水化硫铝酸钙和水化硫铁酸钙。这些水化产物附着在熟料颗粒表面上，成为一层薄膜，封闭水化组分的表面，阻滞水分子以及离子的扩散，从而延缓水泥颗粒特别是C_3A的继续水化，直到结晶压力达到一定数值将钙矾石薄膜局部胀裂，水化才得以继续进行。

与作为缓凝剂的天然石膏相比较，磷石膏一般呈酸性，还含有水溶性五氧化二磷和氟，一般不能直接作水泥缓凝剂，需要经过预处理去除可溶性磷酸盐。预处理目前采用的净化方法有水洗、分级和石灰中和等几种。水洗法是先将磷石膏加水调成固体浆料，再经真空过滤可除去磷酸、可溶性磷酸盐和氟盐等；中和法是用石灰将可溶性磷酸盐转变为不溶性的磷酸钙，再进行干燥、焙烧、碾磨后加水造粒即可。分级处理可除去磷石膏中极细小的不溶性杂质，如泥土、有机物以及很细小的磷石膏晶体，这些高分散性杂质会影响建筑石膏的凝结时间，同时黑色有机物还会影响建筑石膏产品的外观颜色，分级处理对P、F的脱除也很有效。另外湿筛磷石膏还可去除大颗粒石英和没反应杂质。

结合这些工艺特点，整套磷石膏净化生产装置采取筛分、水洗、分级串联工艺流程，即磷石膏先通过筛分，去除 25mm 以上的大颗粒，然后加入研磨槽与水一起研磨成浆状，料浆经过修整筛筛除 0.8mm 以上的颗粒杂质，同时加入一定量的水对磷石膏进行水洗，再由水力旋流器、脱水筛进行分级、脱水得到符合要求的精制磷石膏产品，石膏获得率约 80%。

3. 磷石膏作土壤改良剂

磷石膏含有磷、铁等作物所必需的营养元素及一定量的游离酸。磷石膏呈酸性，pH 值为 1 ~ 4.5，可以代替石膏改良碱土、花碱土和盐土，改良土壤理化性状及微生物活动条件，提高土壤肥力。因此，磷石膏既可以作为肥料加以利用，也可作为土壤改良剂改良盐碱土使用。

盐碱土壤含有大量的碳酸钠和碳酸氢钠，具有高浓度可溶盐与相当碱性物质的土壤通常因胶质黏土颗粒的分散，导致不良的疏水性，这种土壤排水性能差，表土板结现象严重。对碳酸盐含量高的钠质土施加磷石膏，其中钙离子将与土壤中的钠离子置换，生成硫酸钠随灌溉水排走，从而降低土壤碱度并改善土壤的渗透性。利用磷石膏呈酸性的性质，对盐碱地进行适当中和，土壤 pH 值降低还有利于作物吸收土壤中的磷素及其他微量元素铁、锌、镁等。磷石膏中含有作物生长所需的磷、硫、钙、硅、锌、镁、铁等养分。它们除了在作物代谢生理中发挥各自的功能外，又由于交互作用而促进了彼此的效应，而且磷石膏中的硫是速效的，对缺硫土壤有明显的作用。

4. 磷石膏制硫酸联产水泥

磷石膏制硫酸联产水泥的方法是磷石膏先在窑中脱水，将二水石膏转化为无水石膏。然后与焦炭、硅石和页岩或其他含铁、铝氧化物按所需比例配料后，再送入另一回转窑在 1400℃下反应，石膏分解为二氧化硫和氧化钙，氧化钙和其他配料生成水泥熟料，熟料经冷却、磨细并与 5% 石膏混合后即得合格水泥。窑炉气经旋风除尘器、湿式洗涤器等一系列装置净化和冷却后，再经转化和吸收即得浓度可达 96% ~ 98% 的硫酸。

目前，磷石膏制硫酸联产水泥装置基本上能长期稳定运行，生产能力能达到或超过设计能力。磷石膏制硫酸联产水泥，不仅可以节省磷石膏堆场，减少环境污染，而且可以充分利用硫、钙资源，硫酸可以循环使用（占萃取用硫酸 80%），水泥又是一种良好的建筑材料。

（二）氟石膏的综合利用

1. 氟石膏作水泥矿化剂

氟石膏中氟化物的矿化作用，归因于它们影响了碳酸钙的菱面体结构的稳定性，以及碳酸盐的 SiO_4 基团的稳定性。氟石膏在 1200 ~ 1300℃ 的范围内矿化效果比较明显，单独掺氟石膏毫不亚于掺石膏和萤石的复合矿化剂的矿化效果。一般而言，氟石膏易磨性好，在粉磨过程中，能起到较好的助磨剂作用，改善水泥的颗粒级配，有利水泥强度的改善和正常发挥，提高生产。

2. 氟石膏作型粉刷石膏

粉刷石膏具有粘接力强、硬化后体积稳定、不易产生于缩裂缝、起鼓等现象，石膏粉刷墙面表面光洁、细腻，可以从根本上克服水泥混合砂浆和石灰砂浆等传统抹灰材料的干缩性大、粘接力差、龟裂、起壳等通病，且具有防火作用，并能在一定范围内调节室内温度。因此，许多工业发达国家使用粉刷石膏非常普遍。

3. 氟石膏制作石膏砌块

石膏砌块具有质轻、隔热、防火、隔声和调节室内湿度的良好性能，可锯、钉、铣和钻，表面平坦光滑，四周可带有榫和槽，施工简便，是代替烧结黏土砖的理想产品。它可以减少占用面积，广泛用于工业和民用建筑的非承重内隔墙，是新一代的墙体材料，具有很大的开发前途。

其配方为：α - 半水石膏 10%，β - 半水石膏 60%，石灰 15%，粉煤灰10%，复合缓凝剂、增强纤维以及其他原料共计 5%，外加水量 45%。其中 β - 半水石膏是将氟石膏在 135℃ 常压下脱水制成。α - 半水石膏是将氟石膏在125℃、0.1317MPa 的表压下脱水制成。

生产工艺的突出特点是，在氟石膏加气砌块的生产过程中，往半石膏和石灰浆体中引入铝粉作发气剂，整个氟石膏加气砌块的引气和凝结、硬化过程均在常温下顺利完成。砌块中的气孔由其反应所生成的氢气形成，且分布均匀。工艺的关键是使铝粉的发气时间与料浆的凝结时间相适应，为此需引入复合缓凝剂。

4. 湿法石膏作新型墙材

湿法石膏呈泥浆状，便于直接添加外加剂，可以成型生产石膏空心砌块和石膏空心条板等新型墙材。现场可以直接将湿法石膏经过滤成型生产新型墙材，也可以用管道将浆化好的湿法石膏输送至新型墙材用量大的地区进行墙材生产，节省大量的运输费用，减少成品的损坏。此种方式在国外较为普遍。

5. 氟石膏作水泥缓凝剂与矿化剂

氟石精矿和硫酸反应生产氢氟酸的副产物氟石膏，经中和、过滤、烘干，经过一段时间的存放后 $CaSO_4$ 可部分或全部形成二水石膏。氟石膏三氧化硫含量通常在 45% 左右，颗粒细，使用方便，质量稳定，价格便宜。水泥厂利用其做缓凝剂，其掺量受熟料中 C_3A 含量的控制，氟石膏掺入量为 4% ~ 5%，结果表明，利用氟石膏作缓凝剂生产的普通硅酸盐水泥和矿渣硅酸盐水泥的各项性能指标均能达到或超过国家标准的要求。

第四节　钢渣和铬渣的综合利用

一、钢渣的综合利用

钢渣是炼钢过程中排出的废渣。炼钢的基本原理与炼铁相反，它是利用空气或氧气去氧化生铁中的碳、硅、锰、磷等元素。并在高温下与石灰石起反应。形成熔渣。钢渣主要来源于铁水与废钢中所含元素氧化后形成的氧化物，金属炉料带入的杂质，加入的造渣剂如石灰石、萤石、硅石等以及氧化剂、脱硫产物和被侵蚀的炉衬材料等。根据炼钢所用炉型的不同，钢渣分为转炉钢渣、平炉钢渣和电炉钢渣；按不同生产阶段，平炉钢渣又分为初期渣和后期渣，电炉钢渣分为氧化渣和还原渣；按钢渣性质，又可分为碱性渣和酸性渣等。钢渣的产量与生铁的杂质含量和冶炼方法有关，占粗钢产量的 15% ~ 20%。

（一）钢渣的组成和性质

1. 钢渣的组成

钢渣是由钙、铁、硅、镁、铝、锰、磷等氧化物所组成，其中钙、铁、硅氧化物占绝大部分。各种成分的含量根据炉型钢种不同而异，有时相差较大。以氧化钙为例，一般平炉熔化时的前期渣中含量达 20% 左右。精炼和出钢时的渣中含量达 40% 以上；转炉渣中的含量常在 50% 左右；电炉氧化渣中含 30% ~ 40%，电炉还原渣中则含 50% 以上。各种钢渣化学成分见表 6-10。

表 6-10　各种钢渣化学成分（%）

种类	CaO	FeO	Fe$_2$O$_3$	SiO$_2$	MgO	AL$_2$O$_3$	MnO	P$_2$O$_5$
转炉钢渣	45 ~ 55	5 ~ 20	5 ~ 10	8 ~ 10	5 ~ 12	0.6 ~ 1	1.5 ~ 2.5	2 ~ 3
平炉初期	20 ~ 30	27 ~ 31	4 ~ 5	9 ~ 34	5 ~ 8	├ 2	2 ~ 3	6 ~ 11
平炉精炼	35 ~ 40	8 ~ 14	—	16 ~ 18	9 ~ 12	7 ~ 8	0.5 ~ 1	0.5 ~ 1.5
平炉后期	10 ~ 45	8 ~ 18	2 ~ 18	10 ~ 25	5 ~ 15	3 ~ 10	1 ~ 5	0.2 ~ 1
电炉氧化	30 ~ 40	19 ~ 22	—	16 ~ 17	12 ~ 14	3 ~ 4	4 ~ 5	0.2 ~ 0.4
电炉还原	55 ~ 65	0.5 ~ 1	—	11 ~ 20	8 ~ 13	10 ~ 18	—	—

钢渣的主要矿物组成为硅酸三钙（3 CaO-SiO$_2$）、硅酸二钙（2 CaO-SiO$_2$）、钙镁橄榄石（CaOMgO·SiO$_2$）、钙镁蔷薇辉石（3 CaO·MgO$_2$·2SiO$_2$）、铁酸二钙（2 CaO·Fe$_2$O$_3$）、RO（R 代表镁、铁、锰，RO 为 MgO、FeO、MnO 形成的固溶体）、游离石灰（CaO）等。钢渣的矿物组成主要取决于其化学成分，特别与其碱度有关。炼钢过程中需不断加入石灰，随着石灰加入量增加，渣的矿物组成随之变化。炼钢初期，渣的主要成分为钙镁橄榄石，其中的镁可被铁和锰所代替。当碱度提高时，橄榄石吸收氧化钙变成蔷薇辉石，同时放出 RO 相。再进一步增加石灰含量，则生成硅酸二钙和硅酸三钙。

2. 钢渣的性质

（1）碱度。钢渣碱度是指其中的 CaO 与 SiO$_2$、P$_2$O$_5$ 含量比，即

$$R = \frac{m(CaO)}{m(SiO_2) + m(P_2O_5)} \tag{6-3}$$

根据碱度的高低，可将钢渣分为：低碱度渣（R=1.3 ~ 1.8），中碱度渣（R=1.8 ~ 2.5）和高碱度渣（R > 2.5）。

（2）活性。3CaO·SiO$_2$、2CaO·SiO$_2$ 等为活性矿物，具有水硬胶凝性。

当钢渣碱度大于 1.8 时，便含有 60% ～ 80% 的 $2CaO \cdot SiO_2$ 和 $3CaO \cdot SiO_2$，并且随碱度增大 $3CaO \cdot SiO_2$ 也增多，当碱度达到 2.5 时，钢渣的主要矿物质为 $3CaO \cdot SiO_2$。

（3）稳定性。钢渣含游离氧化钙（CaO）、MgO、$3CaO \cdot SiO_2$、$2CaO \cdot SiO_2$ 等，这些组分在一定条件下都具有不稳定性，只有 CaO、MgO 基本消解完后才会稳定。

（4）耐磨性。钢渣的耐磨程度与其矿物组成和结构有关。若把标准砂的耐磨指数作为 1，则高炉渣为 1.04，钢渣为 1.43。钢渣比高炉渣还耐磨，因而钢渣宜作路面材料。

（二）钢渣的综合利用分析

1. 用于农业

（1）做钢渣磷肥。钢渣是一种以钙、硅为主含多种养分的具有速效又有后劲的复合矿质肥料，由于钢渣在冶炼过程中经高温煅烧，其溶解度已改变，所含各种主要成分易溶量达全量的 1/3 ～ 1/2，有的甚至更高，容易被植物吸收。钢渣中含有微量的锌、锰、铁、铜等元素，对缺乏此微量元素的不同土壤和不同作物，也同时起不同程度肥效作用。一般而言，不仅钢渣磷肥（$P_2O_5 >$ 10%）肥效显著、即使是普通钢渣（P_2O_5 4% ～ 7%）也有肥效；不仅适用于酸性土壤中效果好，而且在缺磷碱性土壤使用也可增产；不仅水田施用效果好，即使是旱田，钢渣肥效仍起作用。我国许多地区土壤缺磷或呈酸性，充分合理利用钢渣资源，将促进农业发展，一般可增产 5% ～ 10%。施用钢渣磷肥时要注意几方面的问题：一是钢渣磷肥宜做基肥不做追肥使用，而且宜结合耕作翻上施下，沟施和穴施均可，但应与种子隔开 1 ～ 2cm；二是钢渣磷肥宜与有机堆肥混拌后再施用，这对中性、碱性土壤更有良好的综合肥效；三是钢渣磷肥不宜与氮素化肥（硫铵、硝铵、碳酸氢铵等）混合施用、以免挥发氮气；四是钢渣活性磷肥施用时，一定要注意与土壤的酸碱性相结合，要科学地在农田应用，不便土壤变坏或者板结。

（2）做硅肥。硅是水稻生长需求量大的元素，$SiO_2 >$ 15% 钢渣磨细至 60 目以下，即可作硅肥，用于水稻生产。一般每亩施用 100kg，增产 10% 左右。

（3）做酸性土壤改良剂。CaO、MgO 含量高的钢渣磨细后，可作为酸性土壤改良剂，并且利用了钢渣中的 P 和各种微量元素，其用于农业生产，可增强农作物的抗病虫害的能力。

2. 用于冶金原料

（1）做烧结熔剂。转炉钢渣一般含 40% ~ 50% 的 CaO，1t 钢渣相当于 0.7 ~ 0.75t 石灰石。把钢渣加工到小于 8mm 的钢渣粉，便可代替部分石灰石作烧结熔剂用。配加量视矿石品位及含磷量而定，一般品位高、含磷低的精矿，可加入 4% ~ 8%。烧结矿中适量配入钢渣后，显著地改善了烧结矿的质量，使结块率等提高，风化率降低，成品率增加。再加上由于水淬钢渣疏松、粒度均匀，料层透气性好，有利于提高烧结速度等。此外，由于钢渣中 Fe 和 FeO 的氧化放热，节省了钙、镁碳酸盐分解所需的热量，使烧结矿燃耗降低。钢渣作烧结熔剂，不仅回收利用了渣中的钢粒、氧化铁、氧化钙、氧化镁、氧化锰和稀有元素（V、Nb 等）等有用成分，而且成了烧结矿的增强剂，显著提高了烧结矿的质量和产量。我国在钢渣用于烧结方面进行了大量的研究工作，不少钢厂取得了较好效果。

（2）做高炉或化铁炉熔剂。钢渣中含有 10% ~ 30% 的 Fe、40% ~ 60% 的 CaO 和 2% 左右的 Mn。若把其直接返回高炉作熔剂，不仅可以回收钢渣中的 Fe，而且可以把 CaO、MgO 等作为助熔剂，从而节省大量石灰石、白云石资源。钢渣中的 Ca、Mg 等均以氧化物形式存在，不须经过碳酸盐的分解过程，因而还可以节省大量热能。由于目前高炉利用高碱度烧结矿或熔剂性烧结矿，基本上不加石灰石，所以钢渣直接返回高炉代替石灰石的用量将受到限制。但对于烧结能力不够，高炉仍加石灰石的炼铁厂，用钢渣作高炉熔剂的使用价值仍很大。钢渣也可以作化铁炉熔剂代替石灰石及部分萤石，其对铁水温度、铁水含硫量、熔化率、炉渣碱度及流动性均无明显影响，在技术上是可行的，使用化铁炉的钢厂及相当一部分生产铸件的机械厂都可以应用。

（3）做炼钢返回渣。转炉炼钢每吨钢使用高碱度的返回钢渣 25kg 左右，并配合使用白云石，可以使炼钢成渣早，减少初期渣对炉衬的侵蚀，有利于提高炉龄，降低耐火材料消耗，同时可取代萤石。我国部分钢厂已在生产中使用，并取得了很好的技术经济效果。

（4）回收废钢铁。钢渣中一般含有 7% ~ 10% 的废钢及钢粒，我国堆积的 1 亿多吨钢渣中，约有 700 万吨废钢铁。在基本建设中，开发旧有渣山，除钢渣可利用外，还可回收大量废钢铁及部分磁性氧化物。水淬钢渣中呈颗粒状的钢粒，磁选机很容易提取，可以作炼钢调温剂。

总而言之，钢渣在钢铁厂内部作冶金原料使用效果良好，利用价值也高。我国矿源磷含量低于 0.01% ~ 0.04% 的地区，钢渣在本厂内的返回用量可以达到 50% ~ 90%。

3. 用于建筑材料

（1）生产水泥。由于钢渣中含有和水泥相类似的硅酸三钙、硅酸二钙及铁铝酸盐等活性矿物质，具有水硬胶凝性，因此可成为生产无熟料或少熟料水泥的原料，也可作为水泥掺和料。现在生产的钢渣水泥品种有：无熟料钢渣矿渣水泥、少熟料钢渣矿渣水泥、钢渣沸石水泥、钢渣矿渣硅酸盐水泥、钢渣矿渣高温型石膏白水泥和钢渣硅酸盐水泥等。各种钢渣水泥配比见表6-11。

表 6-11　各种钢渣水泥的配比

主要品种	强度等级（级）	配比（%）				
		熟料	钢渣	矿渣	沸石	石膏
无熟料钢渣矿渣水泥	27.5 ~ 32.5	—	40 ~ 50	40 ~ 50	—	8 ~ 12
少熟料钢渣矿渣水泥	27.5 ~ 32.5	10 ~ 20	35 ~ 40	40 ~ 50		3 ~ 5
钢渣沸石水泥	27.5 ~ 32.5	15 ~ 20	45 ~ 50	—	25	7
钢渣硅酸盐水泥	32.5	50 ~ 65	30	0 ~ 20		5
钢渣矿渣硅酸盐水泥	32.5 ~ 42.5	35 ~ 55	18 ~ 28	22 ~ 32		4 ~ 5
钢矿高温型石膏白水泥	32.5	—	20 ~ 50	30 ~ 55		12 ~ 20

以上水泥适于蒸汽养护，具有后期强度高、耐腐蚀、微膨胀、耐磨性能好、水化热低等特点，并且还具有生产简便、投资少、设备少、节省能源和成本低等优点。其缺点是早期强度低、性能不稳定，因此限制了它的推广和利用。我国近年来钢渣水泥的生产发展较快。此外，由于钢渣水泥中含有 40% ~ 50% 的氧化钙，用它做原料配制水泥生料，越来越受人们重视。

我国目前生产的钢渣水泥主要有两种：一种是以石膏作激发剂的无熟料钢渣矿渣水泥，其配比为钢渣 40% ~ 45%、高炉渣 40% ~ 45%、石膏 8% ~ 12%，标号达 275 ~ 325，此种水泥早期强度低，仅用于砌筑砂浆、墙体材料和农用水利工程等；另一种是以水泥熟料为激发剂，其配比为钢渣 35% ~ 45%、高炉水渣 35% ~ 45%、水泥熟料 10% ~ 15%、石膏 3% ~ 5%，标号在 325 以上。钢渣水泥具有水化热低、后期强度高、抗腐蚀和耐磨等优点，是理想的大坝水泥和道路水泥。

（2）做筑路与回填工程材料。钢渣碎石具有密度大、强度高、表面粗糙、稳定性好、耐磨与耐久性好、与沥青结合牢固的特点，因而广泛用于铁路、公路和工程回填。由于钢渣具有活性，能板结成大块，特别适于沼泽、海滩筑路造地。钢渣作公路碎石，用材量大并具有良好的渗水与排水性能，用于沥青混凝土路面，耐磨防滑。钢渣做铁路道砟，除了前述优点外。由于其导电性小，不会干扰铁路系统的电信工作。钢渣代替碎石存在体积膨胀这一技术问题，国际上一般是洒水堆放半年后才能使用、以防钢渣体积膨胀，破裂粉化。我国用钢渣作工程材料的基本要求是：钢渣需陈化，粉比率不能高于 5%，要有合适级配，最大块直径不能超过 300mm，最好与适量粉煤灰、炉渣或黏土混合使用，严禁将钢渣碎石做混凝土骨料使用。

二、铬渣的综合利用

（一）铬渣的组成与危害

1. 铬渣的组成

铬渣是冶金和化工行业在生产重铬酸钠、金属铬过程中排放出的废渣。其外观有黄、黑等颜色，大多呈粉末状。铬渣的组成随原料产地和配方的不同而不同，国内铬渣的化学成分大致为：三氧化二铬 2.5% ~ 4%；氧化钙 29% ~ 36%：氧化镁 20% ~ 33%；三氧化二铝 5% ~ 8%，三氧化二铁 7% ~ 11%；二氧化硅 8% ~ 11%；水溶性 Cr^{6+} 0.28% ~ 1.34%；酸溶性 Cr^{6+} 0.9% ~ 1.49%。铬渣的物相组成是：方镁石（MgO）20%；硅酸二钙（$\beta-2CaO \cdot SiO_2$）25%：铁铝酸钙（$4CaO \cdot Al_2O_3 \cdot Fe_2O_3$）25%；亚铬酸钙（$\alpha-CaCr_2O_4$）和铬尖晶石 [（Fe.Mg）$Cr_2O_4$]5% ~ 10%；铬酸钙（$CaCrO_4$）2% ~ 3%；四水铬酸钠（$Na_2CrO4 \cdot 4H_2O$）1% ~ 3%；铬铝酸钙（$4Ca \cdot Al_2O_3 \cdot CrO_3 \cdot 12H_2O$）1% ~ 3%；碱式铬酸铁 [Fe（OH）$CrO_4$] < 0.5%；碳酸钙（$CaCO_3$）2% ~ 3%；水合铝酸钙（$3Ca \cdot Al_2O_3 \cdot 6H_2O$）1%；氢氧化铝 Al（OH）$_3$1%。铬渣的物相组成对铬溶解毒处理和综合利用有决定性的影响。铬渣中六价铬化合物主要是四水铬酸钠、铬酸钙、铬铝酸钙和碱式铬酸铁 4 种。此外，尚有一部分六价铬包藏在铁铝四钙、β – 桂酸二钙固溶体中。

2. 铬渣的危害

铬渣中的有害成分主要是可溶性铬酸钠、酸溶性铬酸钙等六价铬离子。这些六价铬离子的存在以及它的流失和扩散构成了对环境的污染和危害。如果铬渣堆场没有可靠的防渗设施、遇雨水冲刷，含铬污水四处溢流、下渗，造成对周围土壤、地下水、河道的污染。沈阳某化工厂堆存铬渣 7 万多吨，由于早期渣场没有"三防"措施，造成污染面积达 $1.5 \times 10^5 m^2$，深度达 2m 左右，附近河水中 Cr^{6+} 浓度超过国家地表水允许浓度的 100 倍，致使水生物被毒死，并危及人类健康。

铬渣对人身体健康的毒害很大。Cr^{6+} 的化合物具有很强的氧化性，对人体的消化道、呼吸道、皮肤、黏膜以及内脏都有危害。长期接触六价铬化合物并患有铬中毒的人可引起头痛、疲倦、消瘦、胃口不好，以及肝脏、肾脏受到损害，最突出的是鼻中隔由糜烂而发生穿孔现象。

（二）铬渣的综合利用分析

1. 铬渣制砖

将铬渣与煤等物混合可烧制建筑用砖，该方法的解毒机理是高温下炭与 CO 的还原以及玻璃体的固化。不同温度和添加物下，铬渣的掺入量可在 3% ~ 30%，解毒效果均良好。

一般而言，当铬渣的掺入量 <20% 时，砖的抗压强度、抗折强度和吸水率均能达到普通烧结砖的国家标准。

煅烧温度一般控制在 970℃以上，温度越高越有利于 Cr^{6+} 的还原。铬渣制砖工艺简单、运行费用低，但是需要建球磨机对铬渣进行粉碎，一次性投资高；另外由于砖价低廉，铬渣制砖并不能有效降低砖的成产成本，使得砖的销售受到限制。

2. 铬渣干法解毒

将铬渣与无烟煤按适当比例混合，在 800 ~ 90℃温度下进行焙烧，六价铬还原成三价铬，铬渣干法解毒工艺流程如图 6-1 所示。

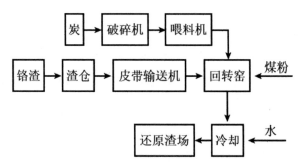

图 6-1　铬渣干法解毒工艺流程

铬渣与煤炭按一定比例混合后提升到混合储仓，借螺旋输送器送入回转窑内，在一定温度下进行焙烧还原，使六价铬还原成不易被水溶出的三价铬而达到解毒的目的。解毒后的铬渣料放入水淬池，用水淬冷高温镕渣，在萃冷水中，加入适量硫酸亚铁及硫酸，提高还原反应深度。

铬渣干法解毒的工艺控制条件为：铬渣粒度小于 40mm，煤粉通过 6 目网；铬渣与煤炭配比为 100∶（10～13）；炉头温度 980～1050℃，炉尾温度 120～140℃，出料温度 830～950℃；窑气中 CO 含量 0.5%～1.0% 以上，氧含量 0.6%～1.0% 以下；物料窑内停留时间 25～30min；投料量每小时 525～750kg。该法具有工艺简单，设备少，投资省，解毒后的渣中六价铬含量符合国际排放标准，而且解毒后的废渣稳定性比用硫化钠湿法还原的铬渣稳定性好，湿法解毒铬渣存放中水溶性六价铬回升为干法解毒铬渣的 18～210 倍，具有较好的环境效益，与其他解毒法相比，处理费用低，具有较好的经济效益。铬渣还原解毒后的六价铬含量大幅度降低，为铬渣的综合利用或堆存创造了有利条件。

3. 铬渣烧结炼铁

炼铁过程中的高温还原气氛为 Cr^{6+} 的还原提供了良好条件，另外铬渣中 CaO 和 MgO 的含量与白云石中两者含量相当，可以替代或部分替代白云石作为烧结炼铁的熔剂，这些都为利用铬渣烧结炼铁提供了可能。铬渣粒度越小解毒效果越好，考虑研磨的成本，一般以 5mm 为宜，掺入量控制在 1%～3%，煤掺入量 4%～5% 为宜，过低会造成 Cr^{6+} 还原不彻底，过高会将 Fe2O3 还原成 FeO，降低烧结矿的品质。另外原料在高温（1200～1400℃）区的停留时间也是影响还原效果的一个因素，一般控制在 15min 左右。

少量铬渣对烧结矿质量、高炉生产无影响，铬渣用量大，Cr^{6+} 还原彻底，该技术在锦州、济南、湖北等地都有成功的实践。其缺点是需要对炼铁车间进行适当改造，以防止含铬粉尘和废水的二次污染。

4. 铬渣制钙镁鳞肥

铬渣与磷矿石、硅石、焦粉或无烟煤在高温下熔融生产钙镁磷肥。用铬渣代替蛇纹石作熔剂，降低了焦炭消耗，并在生产中因以煤为燃料和还原剂，使铬渣中的六价铬离子还原生成三价铬离子，达到无害化的目的。铬渣制钙镁磷肥工艺流程如图 6-2 所示。

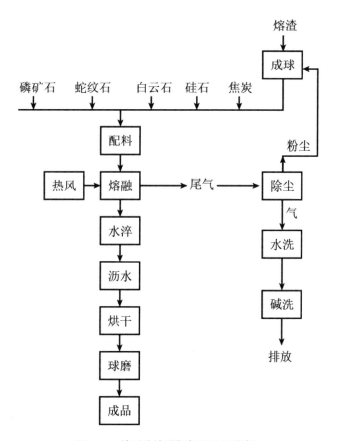

图 6-2　铬渣制钙镁磷肥工艺流程

将磷矿石、白云石、硅石、铬渣及焦炭按一定配比投入高炉，经过高温熔融，水淬骤冷，使晶体状态磷酸三钙转变成松脆的无定形、易被植物吸收的钙镁磷肥。在高温还原状态下铬渣中的六价格被还原为三价铬，以 Cr_2O_3 形式进入磷肥半成品玻璃体内被固定下来，从而达到解毒效果。

铬渣代替蛇纹石生产钙镁磷肥，为铬渣的综合利用找到了一条广阔而经济的出路，减轻了铬渣对环境的污染，并且废物利用，节约资源，取得了较好的经济效益和环境效益。对磷肥厂而言，铬渣是无偿原料，每吨铬渣可代替 0.7 ～ 0.8t 蛇纹石，按每吨蛇纹石 30 元、铬渣掺入量 10% 计，可降低成本 2.4 元。对于铬盐场，节省的治理费用更为可观，每吨铬渣的治理费用一般不超过 40 元，比干法解毒处理费用低 20 ～ 30 元，比湿法解毒处理费用低 50 ～ 60 元。

5. 铬渣作玻璃着色剂

我国从 20 世纪 60 年代中期起就用铬淹代替铬铁矿作为绿色玻璃的着色剂、在高温熔融状态下，铬渣中的六价铬离子与玻璃原料中的酸性氧化物、二氧化硅作用，转化为三价铬离子而分散在玻璃体中，达到解毒和消除污染的目的，同时铬渣中的氧化镁、氧化钙等组分可代替玻璃配料中的白云石和石灰石原料，降低玻璃制品生产的原材料消耗和生产成本。

（1）工艺流程。铬渣制玻璃着色剂生产工艺流程如图 6-3 所示。

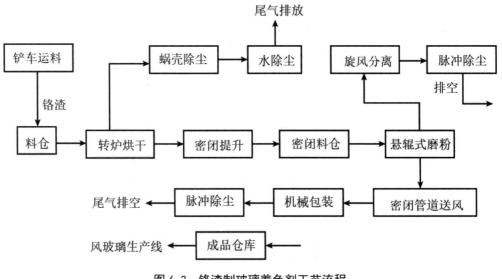

图 6-3　铬渣制玻璃着色剂工艺流程

用铲车将铬渣运至料仓，经槽式给料机送至颚式破碎机，粗碎至 40mm 以下，然后用皮带输送机，经磁力除铁器去除铁后，送至转筒烘干机烘干。热源由燃煤式燃烧室提供，热烟气经烘干机与铬渣顺流接触，最后经旋风尘器及水浴除尘，由引风机将尾气排入大气。烘干后的铬渣用密闭斗式提升机送到密闭料仓内，用电磁振动给料机定量送入磁力除铁器，进一步除铁。再将物料送入悬辊式磨粉机粉碎至 40mm 以上。铬渣粉由密闭管道送到包装工序，包装后作为玻璃着色剂出售。悬辊式磨粉机装有旋风分离器和脉冲收尘器，收集下的粉尘返回密闭料仓。

（2）工艺控制条件。铬渣作玻璃着色剂生产工艺控制条件为：粒度大于40mm，筛余 5%；烘干烟气温度大于 4000℃；烘干铬渣出料温度小于 80℃；铬渣含水量小于 5%。

第五节　煤矸石的综合利用

一、煤矸石的成分与性质

"煤矸石是在成煤过程中与煤共同沉积的有机化合物和无机化合物混合在一起的岩石，通常呈薄层夹在煤层中或煤层顶、底板岩石，是在煤矿建设和煤炭采掘、洗选加工过程中产生的数量较大的矿山固态排弃物"[①]。

（一）煤矸石的成分

1. 矿物组成

地质作用中各种化学组分所形成的自然单质和化合物叫作矿物。矿物具有相对固定的化学成分。存在于煤矸石中的矿物主要是由成矿母岩演变而来的。

按成因类型可将其分为两类：一类是原生矿物，它们是各种岩石（主要是岩浆岩）受到程度不同的物理风化而未经化学风化的碎屑物，其原有的化学组成和结晶构造都没有改变，最主要的原生矿物有硅酸盐类、氧化物类、硫化物类和磷酸盐类矿物四类；另一类是次生矿物，它们大多数是由原生矿物经风化后重新形成的新矿物，其化学组成和构造都有所改变而有别于原生矿物。次生矿物是矸石中最重要、最有活力、最有影响的部分。许多重要的物理性质（如可塑性、膨胀收缩性）、化学性质（吸收性）和力学性质（湿强度、干强度）等都取决于次生矿物。

---

① 张鸿波. 固体废弃物处理 [M]. 长春：吉林大学出版社，2013：244.

按次生矿物的构造和性质可分为三类：简单盐类、三氧化物类和次生铝硅盐类（黏土矿物）。

2. 化学成分

煤矸石的化学成分是评价矸石特性，决定利用途径，指导生产的重要指标。通常所指的化学成分是矸石煅烧以后分析灰渣的成分。化学成分的种类和含量大小随岩石成分的不同而变化。

煤矸石中主要的化学成分为 SiO_2、Al_2O_3、Fe_2O_3、CaO、MgO、TiO_2、P_2O_5、K_2O 和 Na_2O 等。这些主要的化学成分含量见表6-12。

表6-12 煤矸石主要化学成分含量

主要成分	SiO_2	Al_2O_3	Fe_2O_3	CaO	MgO
含量	50% ~ 60%	16% ~ 36%	2.28% ~ 14.63%	0.42% ~ 2.32%	0.44% ~ 0.41%
主要成分	TiO_2	P_2O_5	K_2O+Na_2O	V_2O_5	
含量	0.90% ~ 4%	0.004% ~ 0.24%	1.45% ~ 3.9%	0.008% ~ 0.03%	

3. 元素组成

煤矸石的主要成分是无机矿物质，其元素组成为氧、硅、铝、铁、钙、镁、钾、钠、钛、钴、镍、硫、磷等。前八（氧、硅、铝、铁、钙、镁、钾、钠）种元素占矸石总质量的98%以上。碳、氢、氮、硫与氧，常形成矸石中的有机质。我国煤矸石中的含硫量，大部分比较低，小于1%。但也有少部分矸石，硫含量相当高，且以黄铁矿形式存在，因而是宝贵的硫黄资源。另外，有些矿区的煤矸石，其钛、钒等稀有元素含量较高，具有提取的价值。

（二）煤矸石的性质

1. 煤矸石的发热量

煤矸石的发热量是指单位质量的煤矸石完全燃烧所能放出的热量，单位是 kJ/kg。煤矸石中含有少量可燃有机质，包括煤层顶底板、夹石中所含的炭质及采掘过程中混入的煤粒，在燃烧时能释放一定的热量。一般煤矸石发热量的大小和碳质量分数、挥发分和灰分有关，随挥发分和固定碳质量分数增加而增加，随灰分质量分数增加而降低。我国煤矸石发热量普遍低，煤矸石的灰分较高，因此含碳量也就相当低，这就决定了其发热量也一定低。煤矸石发热量大小和含碳量及挥发分多少有关，煤矸石的热值一般在 4200 ~ 8400kJ/kg。煤矸石的热值直接受煤田地质条件和采掘方法影响，即使对特定的矿井排出的煤矸石而言，其热值也是随时间变化的。我国煤矸石发热量多在 6300kJ/kg 以下，热值高于 6300kJ/kg 的数量较少，约占 10%。

2. 煤矸石的活性

煤矸石经过自燃或煅烧，矿物相发生变化，是产生活性的根本原因，煤矸石中的黏土矿物成分，经过适当温度煅烧，便可获得与石灰化合成新的水化物．所以，煤矸石又可视为一种火山灰活性混合材料，其活性大小的衡量标准是黏土矿物含量。

（1）高岭石的变化：①高岭石在 500 ~ 800℃脱水，晶格破坏，形成无定形偏高岭土，具有火山灰活性；② $Al_2O_3 \cdot 2SiO_2 \cdot 2H_2O$（高岭石）$\rightarrow Al_2O_3 \cdot 2SiO_2 + 2H_2O$（偏高岭土）；③在 900 ~ 1000℃之间，偏高岭土又发生重结晶，形成非活性物质；④ $2（Al_2O_3 \cdot 2SiO_2）$（偏高岭土）$\rightarrow 2Al_2O_3 \cdot 3SiO_2 + SiO_2$（尖晶石）（无定形）。

（2）莫来石的生成。煤矸石煅烧过程中，一般在 1000℃左右便有莫来石（$3Al_2O_3 \cdot 2SiO_2$）生成，到 1200℃以上，生成量显著增加．莫来石的大量生成，将降低煤矸石的活性。

（3）黄铁矿的变化。黄铁矿是可燃物质，随煤矸石一起燃烧，晶体相应地发生变化，生成赤铁矿，对煤矸石活性无补。（$4FeS_2 + HO_2 \rightarrow 2Fe_2O_3 + 8SO_2$）

（4）煤矸石的活化。未经活化的煤矸石有较高的晶格能，几乎不具有反应活性，如果不经处理直接加以提质利用，效率会很低。因此，要有效地利用矸石中的有用成分，首先要对其进行活化，使有序而活性较低的晶体结构转变为活性较高的半晶质及非晶质，从而提高其反应活性。当煤矸石的温度升至一定程度时（一般为 400℃ ~ 600℃）脱除羟基，脱羟基后高岭石成分仍然保持原有的层状结构，但是原子间已发生了较大的错位，形成了结晶度很差的偏高岭石。偏高岭石中原子排列不规则，呈现热力学介稳状态，是一种具有火山灰活性的矿物。一般认为，煤矸石的活性激发主要有热活化、化学活化、物理活化和微波辐照活化。

目前，煤矸石的活化主要集中在热活化。热活化是指通过煅烧活化，从而使烧成后的煤矸石中含有大量的活性氧化硅和氧化铝，达到活化的目的。

但是,煅烧过程中温度又不能太高,否则煤矸石又可能变成活性很低的莫来石,影响其有效利用。不同的活化方法所起到的作用并不是绝对独立的。煤矸石的活化,通常要将不同的活化手段结合使用,才能取得更为理想的效果。

3. 煤矸石的熔融性

煤矸石的熔融性是指煤矸石在一定的条件下加热,随着温度的升高,煤矸石产生软化、熔化的现象。在规定条件下测得的随着温度变化而引起煤矸石变形、软化和流动的特性,称为灰熔点。我国灰分中氧化硅和氧化铝的含量普遍高,因此煤矸石的灰熔点相当高,最低可达1050℃,高时可达1800℃左右。鉴于这个特性,煤矸石可以作耐火材料。煤矸石的耐火度一般1300℃~1500℃,最高可达1800℃。

4. 煤矸石的膨胀性

煤矸石的膨胀性是指煤矸石在一定的条件下煅烧时产生的体积膨胀的现象。煤矸石的体积膨胀的原因主要是煤矸石在熔融状态下,分解析出的气体不能及时从熔融体内排出而形成气泡。煤矸石的烧结温度一般在1050℃左右,900℃左右为一次膨胀,温度继续上升至1160℃以上时产生二次膨胀,由固相转为固液相或完全熔融。

5. 煤矸石的可塑性

煤矸石的可塑性是指煤矸石粉和适当的水混合均匀制成任何几何形状,当除去应力后泥团能保持该形状的性质。煤矸石具有较好的可塑性,塑性指数一般在7~10左右。

6. 煤矸石的硬度

煤矸石的硬度一般与其形成年代、矿物组成、埋藏深度等因素有关。煤矸石的种类不同,硬度也不同。其普氏硬度系数一般为2~3,有的达4~5。含砂岩煤矸石的硬度较含页岩煤矸石的大,含页岩多的矸石硬度在2~3之间,含砂岩多的矸石硬度在4~5之间。

7. 煤矸石的强度

煤矸石是由各种岩石组成的混合物,各种岩石的强度变化范围很大。抗压强度在3~47MPa之间。煤矸石的强度和煤矸石的粒度与氧化铝的分布有一定关系,含氧化铝越高,强度越小;煤矸石粒度越大,强度越大。这是由于强度高的岩石在采掘、装运、堆积过程中受冲击及风化作用不易破碎,保持较大的粒度，而强度较低的页岩、黏土岩易破碎，保持较小的粒度。

二、煤矸石的综合利用分析

（一）煤矸石生产水泥

煤矸石是一种天然黏土质原料，二氧化硅、三氧化二铝及二氧化二铁的总含量一般在80％以上，它可以代替粘土配料生产普通硅酸盐水泥、特种水泥和无熟料水泥等。

1. 生产特种水泥

利用煤矸石含三氧化二铝高的特点，应用中、高铝煤矸石代替黏土和部分矾土，可以为水泥熟料提供足够的三氧化二铝，制造出具有不同凝结时间、快硬、早强的特种水泥以及普通水泥的早强掺和料和膨胀剂。生产煤矸石速凝早强水泥的主要原料是石灰石、煤矸石、褐煤、白煤、萤石和石膏，煤矸石速凝早强水泥原料配比为石灰石67％、煤矸石16.7％、褐煤5.4％、白煤5.4％、萤石2.0％、石膏3.5％，其熟料化学成分的控制范围为 $CaO 62\% \sim 64\%$，$SiO_2 18\% \sim 21\%$，$Al_2O_3 6.5\% \sim 8\%$，$Fe_2O_3 1.5\% \sim 2.5\%$，$SO_3 2\% \sim 4\%$，$CaF_2 1.5\% \sim 2.5$，$MgO < 4.5\%$，这种速凝早强特种水泥28天抗压强度可达 $49 \sim 69MPa$，并具有微膨胀特性和良好的抗渗性能，在土建工程上应用能够缩短施工周期，提高水泥制品生产效率，尤其可以有效地用于地下铁道、隧道、井巷工程，作为墙面喷复材料及抢修工程等。

2. 生产无熟料水泥

煤矸石无熟料水泥是以自燃煤矸石经过800℃煅烧的煤矸石为主要原料，与石灰、石膏共同混合磨细制成的，亦可加入少量的硅酸盐水泥熟料或高炉水渣。煤矸石无熟料水泥的原料参考配比为：煤矸石60％～80％，生石灰15％～25％，石膏3％～8％；若加入高炉水渣，各种原料的参考配比为：煤矸石30％～34％，高炉水渣25％～35％，生石灰20％～30％，无水石膏10％～13％，这种水泥不需生料磨细和熟料煅烧，而是直接将活性材料和激发剂按比例配合，混合磨细。生石灰是煤矸石无熟料水泥中的碱性激发剂，生石灰中有效氧化钙与煤矸石中的活性氧化硅、氧化铝在湿热条件下进行反应生成水化硅酸钙和水化铝酸钙，使水泥强度增加；石膏是无熟料水泥中的硫酸盐激发剂，它与煤矸石中的活性氧化铝反应生成硫铝酸钙，同时调节水泥的凝结时间，以利于水泥的硬化。煤矸石无熟料水泥的抗压强度为30～40MPa，这种水泥的水化热较低，适宜作各种建筑砌块、大型板材及其预制构件的胶凝材料。

3. 生产普通硅酸盐水泥

生产煤矸石普通硅酸盐水泥的主要原料是石灰石、煤矸石、铁粉，将它们混合磨成生料，再与煤混拌均匀加水制成生料球，在1400～1450℃的温度下得到以硅酸三钙为主要成分的熟料，然后将烧成的熟料与石膏一起磨细制成普通硅酸盐水泥。利用煤矸石生产普通硅酸盐水泥熟料的参考配比为石灰石69%～82%、煤矸石13%～15%、铁粉3%～5%、煤13%左右、水16%～18%。利用煤矸石配料时，主要应根据煤矸石中三氧化二铝含量的高低以及石灰质等原料的质量品位来选择合理的配料方案。为便于使用，一般将煤矸石按三氧化二铝含量多少分为低铝（约20%）、中铝（约30%）和高铝（约40%）3类。用于生产普通硅酸盐水泥的煤矸石含三氧化二铝量一般为7%～10%，属低铝煤矸石，其生产同黏土，但应注意对煤矸石进行预均化处理。预均化是指对煤矸石在采掘、运输、储存过程中，采取适当的措施进行预均化处理，使其成分波动在一定范围内，以满足生产工艺的要求。较适用的措施有尽量定点供应、采用平铺竖取方法和采用多库储存进行机械倒库均化措施。用煤矸石生产的普通硅酸盐水泥熟料，硅酸三钙含量在50%以上，硅酸二钙含量在10%以上，铝酸三钙含量在5%以上，铁铝酸钙含量在20%以上。钙使水泥凝结硬化快，各项性能指标均符合国家有关标准。

（二）煤矸石代替燃料

煤矸石中含有一定数量的固定炭和挥发分，一般烧失量在10%～30%，发热量可达4.19～12.6MJ/kg，所以煤矸石可用来代替燃料。近年来，煤矸石被用于代替燃料的比例相当大，一些矿山的矸石甚至消失。目前采用煤矸石做燃料的工业生产主要有以下四方面：

1. 化铁

铸造生产中一般都采用焦炭化铁。但根据实验证明用焦炭和煤矸石的混合物作燃料化铁，也取得了较好的效果。用发热量为7.54～11.30MJ/kg的煤矸石可代替1/3左右的焦炭。如用直径800mm的冲天炉化铁时，底炭为300～350kg，每批料为石灰石80～85kg，生铁800kg，焦炭75kg。例如，在底炭中加入 400kg 煤矸石，每批料中加入 120kg 煤矸石，则底炭加焦炭 200 ~ 250kg，每批料加焦炭 50kg 即可。煤矸石的块度要求 80 ~ 200mm，铸铁的化学成分和铸件质量都符合要求。由于煤矸石灰分较高，化铁时要求做到勤通风眼、勤出渣、勤出铁水。

2. 烧石灰

烧石灰一般都是利用煤炭作为燃料，每生产 1t 石灰需燃煤 370kg 左右。烧石灰时要求煤炭破碎至 25 ~ 40mm，使得生产成本升高。用煤矸石烧石灰时，除特别大块的需破碎外，100mm 以下的均无须破碎，生产 1t 石灰需要煤矸石 600 ~ 700kg。虽然从消耗上来讲稍高一些，但使用煤矸石代替煤炭，使炉窑的生产操作正常稳定，生产能力有所提高，石灰质量较好，生产成本也有了显著降低。

3. 回收煤炭

煤矸石中混有一定数量的煤炭，可以利用现有的选煤技术加以回收。在用煤矸石生产水泥、砖瓦和轻骨料等建筑材料进行综合利用时，必须预先洗选煤矸石中的煤炭，从而保证煤矸石建筑材料的产品质量以及生产操作的稳定性。从经济角度上来说，回收煤炭的煤矸石含煤炭量一般应大于 20%。国内外一般采用水力旋流器分选和重介质分选两种洗选工艺从煤矸石中回收煤炭。

（1）水力旋流器分选。水力旋流器分选工艺以美国雷考煤炭公司为例，其工艺流程如图 6-4 所示，该工艺主要设备包括 5 台直径 508mm 伦科尔型水力旋流器、定压水箱、脱水筛和离心脱水机等。伦科尔型水力旋流器是一种新型高效率的旋流器，其分选优点一是旋流方向与普通旋流器采用的顺时针方向不同，而是逆时针方向旋转，煤粒由旋流器中心向上选出，煤矸石从底流排出。这种旋流器易于调整，可在几分钟内调到最佳工况。二是该种旋流器不需永久性基础，便于移动，可以根据煤矸石山和铁道的位置把全套设备用低架拖车搬运到适当地点，这比固定厂址的分选设备机动灵活、易操作。

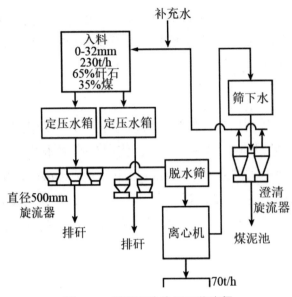

图 6-4　煤矸石洗选厂工艺流程

（2）重介质分选。重介质分选工艺可以英国苏格兰矿区加肖尔选煤厂为例，该厂采用重介质分选法从煤矸石中回收煤，日处理煤矸石 2000t，该工艺设有两个分选系统，分别处理粒度为 9.5mm 以上的大块煤矸石和 9.5mm 以下的细粒煤矸石。大块煤矸石用两台斜轮重介质分选机分选，选出精煤、中煤和废矸石 3 种产品。精煤经脱水后筛分成 4 种粒径的颗粒供应市场。小块煤矸石用一台沃赛尔型重介质旋流器洗选，选出的煤与斜轮分旋机选出的中煤混合，作为末煤销售。这种沃赛尔型重介质旋流器洗选效率达 98.5%，可以处理非常细的末煤和煤矸石，每小时处理能力为 90t。

4. 烧沸腾锅炉

沸腾锅炉燃烧是近年来发展的新燃烧技术之一，其工作原理是将破碎到一定程度的煤末用风吹起，在炉膛的一定高度上呈沸腾状燃烧。煤在沸腾炉中的燃烧，既不是在炉排上进行的，也不是像煤粉炉那样悬浮在空间燃烧，而是在沸腾炉料床上进行。沸腾炉的突出优点是对煤种适应性广，可燃烧烟煤、无烟煤、褐煤和煤矸石。沸腾炉料层的平均温度一般在 850 ~ 1050℃，料层较厚，相当于一个大蓄热池，其中燃料仅占 5% 左右，新加入的煤粒进入料层后和几十倍的灼热颗粒混合，能很快燃烧，故可应用煤矸石代替。一般而言，利用含灰分达 70%、发热量仅 7.5MJ/kg 的煤矸石，沸腾锅炉运行正常。

煤矸石应用于沸腾锅炉，为煤矸石的利用找到了一条新途径，可大大地节约燃料和降低成本。但由于沸腾铝炉要求将煤矸石破碎至 8mm 以下，所以燃料的破碎量大，煤灰渣量也大，使沸腾层埋管磨损严重，耗电量增大。

（三）煤矸石生产化工产品

煤矸石作为化工原料，主要是用于无机盐类化工产品。

1. 制备无水三氯化铝

工业上生产无水三氯化铝多用金属铝为原料直接氯化生产，或者以铝矾土为原料加入焦炭或煤焦油在高温下通氯气来制备。以煤矸石为原料，在控制一定的工艺条件下来制备无水三氯化铝，这是煤矸石综合利用的途径之一。

（1）基本原理。利用煤矸石中的氧化铝与氯气在一定条件下反应来制备无水三氯化铝。具体反应如下：

$$Al_2O_3+3C+3Cl_2 \rightarrow 2AlC_3+3CO \qquad （6-4）$$

如体系中没有碳的存在，氧化铝与氯气即便在很高的温度下，这种氯化反应也是难以进行的。只有在还原剂碳的存在下，高温时该反应才能向生成三氯化铝的方向移动。

（2）制备工艺流程。用煤矸石生产无水三氯化铝，大体分四个步进行：

第一，成型过程。将煤矸石粉碎至 80 目，与一定浓度黏合剂（如纸浆废液）按一定配比进行混捏、成型为小球形状，然后干燥。

第二，干馏过程。将干燥后的小球于 700℃下进行干馏 2h 左右，作用是为赶尽其中的水分、挥发分，并产生一定的气孔率，以扩大反应的接触面。

第三，氯化过程。将干馏后的小球送至炉内，通入氯气，在 850 ~ 950℃ 条件下进行氯化，氯气将生成的 $AlCl_3$ 蒸气带出氯化炉，在氯化炉尾部的接收器中可得到精品 $AlCl_3$，尾气中因含有少量氯气，故用碱液处理后排空。

第四，提纯过程。工艺流程示意如图 6-5 所示。粗品 $AlCl_3$ 中，主要杂质为 $FeCl_3$，根据它们升华温度的差异，可用升华的办法将它们彼此分开。$FeCl_3$ 的熔点 282℃，升华温度 26℃；$AlCl_3$ 熔点为 180℃，升华温度 150℃。另外也可用加铝粉的方法，使 $FeCl_3$ 还原为 $FeCl_2$（熔点 672℃）或铁，这样产品中就不会夹杂有 $FeCl_3$，可使产品的纯度提高很多。

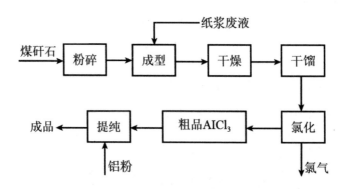

图 6-5　三氯化铝制备工艺流程

在反应体系中，尽管反应物中有 SiO_2 存在，氯化时也不会有 $SiCl_4$ 生成。因为 $SiCl_4$ 的生成要在 1025 ~ 1150℃的条件下方可进行。

2. 煤矸石制取水玻璃

水玻璃又名泡花碱，是一种可溶性硅酸盐，由一种内含不同比例的碱金属和二氧化硅的系统组成。

（1）煤矸石制取水玻璃的基本原理。煤矸石的主要成分是 Al_2O_3 和 SiO_2，如果将其破碎、焙烧、酸溶（HC_1）、过滤，那么滤波中的氯化铝经过浓缩、结晶、热解、聚合、固化、干燥等过程，就可制成聚合氯化铝。滤渣中的二氧化硅与氢氧化钠反应，就可制得水玻璃，其反应方程式如下：

$$2NaOH + nSiO_2 \rightarrow Na_2O \cdot nSiO_2 + H_2O \qquad （6-5）$$

（2）煤矸石制取水玻璃的生产工艺流程：①生产聚合氯化铝的尾渣主要成分是 SiO_2（占 80% ~ 90%），还有少量从 Al_2O_3（占 5% ~ 10%）这些 SiO_2 活性很大，易与碱反应生成水玻璃，将尾渣与烧碱按一定比例配成料浆输入反应罐中，在 120 ~ 150℃下反应 2 ~ 8h，反应完毕后放入储存罐中沉降。②将储罐中反应完的料浆进行过滤，除去不溶物，然后浓缩得到所需浓度的水玻璃。其工艺流程如图 6-6 所示。

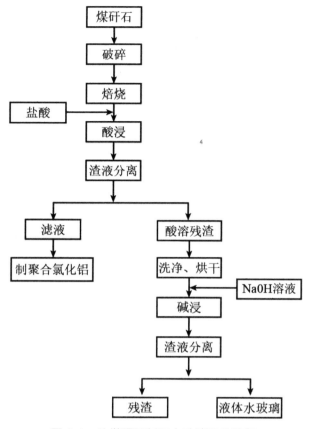

图6-6　从煤矸石制取水玻璃工艺流程

（3）煤矸石制取水玻璃的生产工艺条件。SiO$_2$溶出率与反应压力和反应时间有关，随反应压力与反应时间的增加而提高。据有关资料介绍，利用石英砂生产水玻璃，要达到70%的溶出率，反应时间需7h左右。由此可见，利用煤矸石酸溶渣生产水玻璃，还可降低能耗。一般而言，产品的工艺条件：压力为0.7MPa。酸溶渣，固体氢氧化钠为3∶1，反应时间3h。

（4）制取白炭黑。如果将水玻璃与稀盐酸进一步作用，可制得白炭黑。其生产工艺流程如图6-7所示。

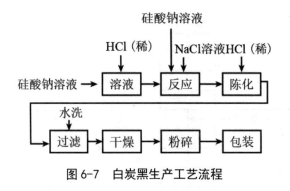

图 6-7　白炭黑生产工艺流程

第七章 各个领域的工业固体废物的回收和利用

第一节 冶金行业工业固体废物的回收和利用

下面主要探讨冶金行业中冶炼固体废物的回收和利用。在冶金行业中，"金属冶炼生产包括焦炉、烧结机、高炉炼铁、炼钢、乳钢、铁合金及各种有色金属冶炼系统"，金属冶炼涉及的专业范围广、生产工艺复杂、物流流程长，产生的固体废物种类繁多、性质各异、数量巨大。主要固体废物是高炉炼铁废渣、转炉炼钢渣、含铁粉尘、氧化铁皮、有色金属冶炼废渣等十多种废渣"[①]。加强冶金固体废物的回收利用，实现固体废物处理的资源化、减量化、无害化，已成为冶金行业金属冶炼生产管理的重要目标。

一、冶炼固体废物的来源、特点及危害

冶炼废物是指金属冶炼过程中产生的固体、半固体或泥浆废物，主要包括钢铁和有色金属冶炼过程中产生的各种冶炼废物、轧制过程中产生的氧化皮以及各生产环节净化装置收集的各种粉尘、污泥和工业废物。冶炼废渣主要分为两类：钢铁冶炼废渣和有色金属冶炼废渣。

（一）钢铁冶炼废渣的来源

钢铁联合企业的主要生产工艺包括铁前系统、炼铁系统、炼钢系统和轧制系统，其中铁前系统包括烧结机、球团回转窑和焦炉。铁前系统生产的烧结矿、球团矿和焦炭按一定比例分批入炉，辅以鼓风和喷煤措施。利用焦

---

① 胡桂渊.冶金行业固体废物的回收与再利用[M].西安：西北工业大学出版社，2020：1.

炭（包括粉煤）的燃烧和还原特性，将铁矿石中的铁元素还原为单质铁，并以铁水的形式排出。在铁水转炉炼钢过程中，铁水中的碳、硫、磷、锰、硅被氧化，实现了降碳脱硫、磷的目的，以生产出合格的钢水。通过连铸机将钢水铸成不同规格的方坯和板坯，送轧钢厂轧制。

第一，烧结粉尘。烧结厂的固体废物主要是粉尘。烧结过程中，各种设备产生大量粉尘，如燃料破碎、烧结机通风、成品矿筛选等，粉尘的主要部位是烧结机的头部和尾部。成品细度在 $5 \sim 40\mu m$ 之间，机尾粉尘电阻率在 $5 \times 10^{9} \sim 1.3 \times 10^{10} \Omega \cdot cm$ 之间。总铁含量约为 50%。每吨烧结矿产生 $20 \sim 40kg$ 粉尘。这种粉尘中含有较高的 TFeO、CaO、MgO 等有益成分，与烧结矿成分基本一致。

第二，炼焦废物。焦化厂生产大量固体物质，如煤尘、焦尘、酸焦油、焦油渣、剩余活性污泥和部分残渣。如果不合理利用这些固体废物，将造成大量的粉尘污染，如果苯、萘、苯酚等有毒物质未经妥善处理，被随意排放，会对生态环境造成严重破坏。

第三，高炉水渣。在高炉冶炼中，焦炭和煤粉在燃烧时会释放大量的热量，产生大量的一氧化碳，在高炉中形成高温还原状态。在这种作用下，铁矿石中的铁元素被还原为元素铁，而其他成分则以渣的形式排出。高温渣水淬形成的固体渣为高炉水渣。水渣的生成量随矿石品位的不同而变化。

第四，高炉干渣。铁水从高炉出铁口排出，经主沟、撇渣器、龙沟、摆动流嘴进入铁水罐。在出铁过程中，铁水凝结结块，使铁沟、撇渣器和摆动流嘴越来越小。清理铁沟、撇渣器和摆动流嘴产生的渣块就是高炉干渣。另外，高炉在异常情况下，从出铁口排出的不是铁水，而是掺有未反应矿物的渣铁混合物。这些渣铁混合物不能满足铁水的质量要求，只能作为干渣的一部分进行处理。干渣的另一个重要来源是，当高炉渣处理系统发生故障时，红渣直接排入干渣坑，不经过渣处理系统，形成干渣。这部分干渣是由脉石、灰分、熔剂和其他不能进入生铁的杂质组成的易熔混合物，其化学成分主要为 SiO_2、CaO、Al_2O_3 等。

第五，高炉煤气除尘粉尘。高炉煤气是高炉冶炼的副产品。由于其粉尘浓度高，在进入燃气管网前必须对其进行净化。目前，大多数高炉工艺采用重力沉降室和布袋除尘器两级处理高炉煤气。煤气经净化除尘后产生的粉尘称为高炉煤气除尘粉尘。由于除尘技术和综合利用方式的不同，粉尘一般分为两类：重力沉降室排出的高炉重力粉尘和布袋除尘器排出的高炉干法粉尘。

第六，转炉钢渣。炼钢时，炉内注入的氧气与铁水发生强烈反应，以降低碳含量。同时在炉内加入石灰石、白云石等造渣剂，去除铁水中硫、磷、硅等有害元素。钢渣是转炉炼钢过程中的副产品，主要来源于铁水中硅、铝、硫、磷、钒、铁氧化形成的氧化物，冶炼中加入的造渣剂，腐蚀的炉衬材料和护炉材料。钢渣产量占粗钢产量的 15% ~ 17%。从炉中排出的熔融红渣称为炉渣。炉渣经热泼或造粒装置处理后即为钢渣。

第七，转炉除尘污泥。在转炉冶炼中，铁水中的碳元素与吹入的氧气发生强烈反应，释放出大量的炉气（转炉气）。炉气的主要成分是一氧化碳、二氧化碳和氮气，它们与大量粉尘混合。粉尘主要来源于铁水的燃烧损失和未反应的辅助材料（石灰石、白云石等）的细小颗粒。转炉煤气经湿洗除尘后产生大量除尘废水。在除尘废水处理过程中产生的污泥称为转炉除尘污泥。根据不同的水处理工艺和综合利用方式，除尘污泥可分为两类：①粗颗粒分离机排出的污泥粒径大，含铁量高，称为粗粒污泥；②其他从斜板沉淀池和离心机排出的污泥，传统上仍称为转炉除尘污泥（OG 泥）。炉内钢水通常有 1% ~ 2% 以烧损的形式进入烟气。因此，除尘污泥量按每吨钢产生污泥量 19kg 计算。

第八，含铁尘泥。钢材生产工艺流程长，材料运输量大，扬尘点多。对粉尘源进行分类主要有两个方面：一是冶炼系统的高炉出铁场、转炉二次烟气、烧结机头和尾部等产尘部位；二是矿槽储存、原料供料以及运输系统，如烧结槽、炼铁加料系统等。由干法除尘器收集和处理这些含尘废气产生的固体废物统称含铁尘泥。

第九，氧化铁皮。在轧制钢之前，钢坯必须加热到轧制温度（大约 1100℃）。当钢坯在加热炉中加热时，钢坯表面与空气中的氧气发生反应，并在表面形成一层氧化层。为了保证钢材的表面质量，进入乳机前必须将氧化层剥离。通常使用高压除磷装置予以清除，导致氧化层随冲刷水进入浑浊循环水处理系统。旋流沉淀池沉淀产生的固体废物为氧化铁皮。

第十，其他固体废物。其他固体废物主要包括铁矿石渣、废石渣、废旧耐火材料和废油。石灰窑原料经筛分处理后产生的筛下物为废石渣。在高炉、转炉、轧钢加热炉等炉衬材料的检修、维护和拆除中，会产生大量的废旧耐火材料。废油主要来源于机械设备换油和轧钢水处理系统产生的油污。

（二）有色金属冶炼废物的来源

1. 稀有金属冶炼固体废物

稀有金属主要是指地壳上的一种稀有、分散、不易富集成矿、难以冶炼和提取的金属。稀有金属是人民生活、国防工业和科学技术发展不可缺少的基础材料和战略材料。稀有金属工业固体废物是指在采矿、选矿、冶炼、加工过程和环境保护设施中，由稀有金属排放的固体或者泥质废物。

2. 重有色金属冶炼固体废物

重有色金属冶炼固体废物是指重有色金属冶炼加工过程和环境保护设施产生的固体或淤泥质废物。根据冶炼工艺的不同，有铜渣、铅渣、锌渣、镍渣、钴渣、锡渣、锑渣、汞渣等。在冶炼过程中，每生产 1t 金属，就会产生几吨到几十吨的熔渣。重金属冶炼产生的固体废物种类多、量大、成分复杂，主要有湿法渣和火法渣。湿法渣可分为焙砂（或精矿）浸出过程中产生的各种浸出渣、浸出液净化过程中产生的净化渣和电解过程中产生的阳极泥；而火法渣主要包括火法冶金过程中产生的炉渣、粗选过程中产生的粗炼渣、精炼过程中产生的精炼渣和电解精炼过程中产生的阳极泥，以及冶炼过程中产生的烟气被（由除尘器收集）产生的灰尘。

3. 铝工业生产中的固体废物

铝工业的生产主要包括氧化铝、金属铝和铝加工材料的生产。赤泥是氧化铝生产过程中产生的主要固体废物。采用拜耳法生产，国外每生产 1t 氧化铝产生 0.3 ～ 2t 赤泥，国内烧结法每生产 1t 氧化铝产生 1.8t 赤泥，而采用联合法每生产 1t 氧化铝产生 0.96t 赤泥。目前大部分赤泥采用堆场湿存或脱水干化进行处理，其后果越来越严重。扩大赤泥回收方式，提高赤泥综合利用率具有重要意义。

金属铝的主要生产设备是电解槽，电解槽由钢壳内衬耐火砖和碳素材料组成。炭衬层是电解槽的阴极，阳极是碳素电极。在电解过程中，碳阳极不断消耗，需要连续或间歇更新。剩余阳极也可以回收利用。铝电解槽内衬的使用寿命为 4 ～ 5 年。在阴极内衬大修过程中，应清理大量的废炭块、腐蚀耐火砖和保温材料。这些废渣是铝还原生产过程中产生的主要固体废物。例如，在 130kA 的欧洲铝电解槽中，废渣产生量为 30 ～ 50kg/t 铝，其中约 55% 为耐火砖，45% 为炭块，还含有氟，需要回收利用。

（三）冶炼固体废物的特点

第一，量大面广，处理工作量大。冶金工业固体废物产生量大，钢铁企业遍布国内钢铁生产大城市。

第二，可综合利用价值大。金属冶炼包括钢铁冶炼和有色金属冶炼。冶炼工业产生的固体废物含有各种有价值的元素，如铁、锰、钒、铬、钼、镍、铌、稀土、铝、镁、钙、硅等金属和非金属元素，高炉水淬渣中硅、钙、镁、铝的氧化物等可重复利用的二次资源通常分布广泛。含铁粉尘含有较的铁元素，是钢铁厂回收利用的金属资源。转炉尘泥含铁量大于50%，轧制氧化铁含铁量大于90%。

第三，钢铁废渣有毒废物较少。除铬和五氧化二钒生产过程中从水中浸出的铬渣和钒渣、特殊钢厂高铬合金钢生产过程中产生的电炉粉尘、碳素制品厂产出的焦油以及薄板表面处理废水产生的含铬污泥等少量有毒废物外，其他固体废物，如尾矿、钢铁渣、含铁粉尘，虽然体积大，但基本上属于一般工业固体废物。

第四，有色金属冶炼废物毒性大。有色金属工业固体废物通常含有多种重金属化合物，有些固体废物含有铀、钍等放射性物质，含有多种有毒物质和组成复杂、危害性强的酸、碱类物质，应采取减量化、资源化、无害化的方式妥善处理。

（四）冶炼固体废物的危害

1. 冶炼固体废物对环境的污染

随着人类社会生产活动的发展，冶金工业废物量逐年增加。处理这些废物需要大量的人力、物力、财力和土地。如果处置不当，将对环境造成严重污染。冶炼废物对环境的污染主要表现在以下方面：

（1）对土壤和地下水的污染。由于废物和垃圾是在生产和生活过程中产生的，其堆放不可避免地会占用大量土地，废物堆放与农业用地竞争的矛盾日益尖锐。在自然风化作用下，大量的有毒废物四处流散，污染了土壤。由于采矿废石大量堆积，农田和大片森林遭到破坏。由于冶炼废物中含有多种有毒物质，对土壤的危害也很严重。这些有毒废物长期存放，其可溶成分随雨水从地表向下渗透，并转移到土壤中，使废渣附近的土壤酸化、碱化、硬化，甚至造成重金属污染。有毒物质进入土壤后，不仅在土壤中积累，造成土壤污染，而且通过雨水等渗漏进入地下水，造成附近地区地下水污染，对人体健康构成潜在威胁。

（2）对地表水域的污染。冶炼固体废物除了通过土壤渗入地下水外，还会通过风、雨或人为因素进入地表水。在雨水的作用下，冶炼固体废物很容易通过地表径流流入河流、湖泊和海洋，造成严重的水体污染和生态破坏。有的企业直接向江河、湖泊、沿海水域倾倒工业垃圾，造成较大规模的水污染。

（3）对植物的污染和危害。堆积的固体废物不仅占用了土地，而且破坏了地表的绿化植被。废物堆放后，化学变化不断释放出对植物生长有害的有毒物质，使绿色植物无法再生。大量的绿色植物被掩埋，不仅破坏了自然环境，还杀死了氧的制造者。一方面，冶金废物的堆放消耗大量氧气；另一方面，它破坏了氧气的来源，从而破坏了自然界中氧气的物质循环。

植物需要不同种类的重金属，但是，铜、汞、铅等重金属是植物生长发育中不必要的元素，且对人体健康有害。一些元素是植物正常生长发育所必需的，具有一定的生理功能，如铜、锌等。铜和锌在土壤中是不可缺少的，但当含量过高时，会造成污染危害。土壤中重金属含量对植物体内不需要的重金属的浓度有明显的影响。如果土壤中这些元素的含量过高，就会使植物中这些元素的含量迅速达到污染水平。因此，土壤中汞、铝和铅含量过高，往往比铜、锌等微量元素含量过高的危害更为严重。

不同类型的重金属污染土壤对农作物的危害不同。例如，铜和锌主要阻碍植物的正常生长，而在作物生长发育不受阻碍的情况下，植物体内汞和镉的积累可能显著增加，甚至达到有害水平。一般而言，汞和镉在土壤中积累，对作物生长危害不大，但它们在土壤和作物中的残留会显著增多。

（4）对大气的污染。冶金固体废物在堆放过程中，在温度和水的作用下，一些有机物分解产生有害气体，一些腐败的废物散发出鱼腥味，造成空气污染。例如，煤矸石堆放时经常自燃，一旦火势蔓延，很难扑灭，并排放大量二氧化硫气体，污染大气环境。废物和垃圾以颗粒物的形式随风飘散，不仅污染建筑物、花卉和树木，危害市容和卫生，而且污染环境，影响人体健康。在冶金工业固体废物的运输和处理过程中，有害气体和粉尘污染也十分严重。

2. 冶炼固体废物对人体的危害

冶炼过程中，粉尘、工业毒物、高温、噪声、辐射等有害因素对工人的健康造成危害。

（1）粉尘的危害。在空气或水的环境容量、自然与人体的自净能力、人为控制能力、粉尘的性质、作用于人体的粉尘的时间和数量等相互作用下，自然或人为粉尘对人体造成有害影响，这被称为粉尘危害。粉尘危害是我国最严重的工业危害之一。随着冶金工业的快速发展，有尘企业和接尘工人急剧增加。防尘工作与生产发展不同步，产生了不良影响，主要表现在尘点合格率低，严重超标；尘肺患病率高；环境污染，影响人类健康。还有一些放射性矿物（如铀矿）在冶炼过程中含有或吸附放射性核素的粉尘，具有电离辐射特性，辐射会对人体造成严重危害。

（2）工业毒物的危害。工业毒物含有一些能引起中毒的物质。这些物质可引起急性中毒、亚急性中毒和慢性中毒。冶金固体有毒废物侵入人体有直接和间接两种途径。其直接途径是：废渣粉尘被风吹起，经呼吸道进入人体；废渣通过与手、食物接触，经食道进入人体；经由皮肤被污染，产生刺激。间接途径是通过污染水和土壤进入食物链，在人体内积累，积累到一定程度后引起中毒症状。

综上所述，冶金过程中产生的固体废物对环境造成严重污染，对人类生产和生活造成严重危害。因此，有必要采取措施对其进行有效控制。

二、冶炼固体废物常见的回收方法分析

冶炼固体废物的回收方法通常取决于废物的性质和组成，以下是一些常见的冶炼固体废物回收方法：

第一，金属回收：废弃的金属制品，如废旧汽车、废旧电器设备和废旧建筑材料，可以被回收并用于制造新的金属产品。这通常涉及熔化金属，然后通过铸造或其他加工方法制造新产品。

第二，废电子废物回收：电子废物，如旧计算机、手机、电视和电池，包含有用的金属和有害的物质。通过电子废物回收，可以提取有用的金属，同时安全处理有害物质。

第三，废玻璃回收：废玻璃可以回收并用于制造新的玻璃制品。它通常是通过熔化旧玻璃并形成新的玻璃容器或建筑材料。

第四，废纸回收：回收纸张有助于减少树木的砍伐，可用于再生纸制造。

第五，废塑料回收：塑料废物可以通过熔化和再加工来制造新的塑料制品。这需要将不同类型的塑料分开处理，因为它们不同，不能混合在一起回收。

第六，废物能源回收：有些固体废物可以被转化为能源，如生物质废物

可用于生物质发电，城市垃圾可用于垃圾发电，甚至废弃油脂可用于生产生物柴油。

第七，建筑和拆迁废物回收：在建筑和拆迁项目中产生的混凝土、砖块、木材等废物可以回收并用于建筑新项目。

第八，有机废物堆肥：有机废物如食品残渣和庭院废物可以通过堆肥转化为有机肥料，用于土壤改良和植物生长。

第九，医疗废物回收：在医疗领域产生的废物需要特殊处理，以防止传播疾病。然而，一些医疗废物，如一次性注射器的塑料部分，可以回收。

三、冶炼固体废物再生利用的基本方法

在冶炼固体废物的综合利用过程中，必须采用一系列的再生处理方法来回收有用的成分。不能综合利用的固体废物，必须在最终处理前进行妥善处置，使其无害化，尽量减少其体积和数量。随着科学技术的发展，固体废物处理技术得到了很大的提高。现在人们可以采取物理、化学和生物方法来处理固体废物。

（一）冶炼固体废物的预处理

在冶炼固体废物的回收和最终处理之前，通常需要进行预处理，以便于下一步的处理和利用。预处理工艺包括固体废物的破碎、筛分、粉磨和压缩。

1. 破碎工艺

破碎的目的是将固体废物破碎成小块或粉状颗粒，有利于有用或有害物质的分离。固体废物的破碎方法有两种：机械破碎和物理破碎。机械破碎是指利用各种破碎机对固体废物进行破碎。破碎机主要有颚式破碎机、辊式破碎机、冲击式破碎机和剪切式破碎机。物理破碎可用于不需要机械破碎的固体废物。物理破碎方法包括低温冷冻破碎和超声波破碎。低温粉碎的原理是利用部分固体废物在低温条件下的脆性达到粉碎的目的。目前，低温技术已被应用于废塑料及其制品、废橡胶及其制品、废电线（塑料或橡胶涂层）等的破碎。超声波破碎仍处于实验室阶段。

2. 筛分工艺

筛分是用筛子将粒度范围大的混合物按粒度大小分为几个不同的等级的过程，它主要与物料的粒度或体积有关，密度和形状影响不大。筛分时，通

过筛孔的物料称为筛下产品，筛上剩余的物料称为筛上产品。筛分一般适用于粗粒物料的分解。常用的筛分设备有棒条筛、振动筛、圆筒筛等。根据筛分作业的不同任务，可分为独立筛分、预备筛分、辅助筛分和脱水筛分等。在固体废物破碎车间，筛分主要作为辅助筛分，其中破碎前的筛分称为预筛分，破碎后的产品筛分称为检查筛分。

3. 粉磨工艺

粉磨在固体废物处理和利用中起着重要作用。粉磨一般有三个目的：其一，对物料进行最后一段粉碎，分离各种成分的单体，为下一步分选创造条件；其二，粉磨各种废物原料，同时起到均匀混合的作用；其三，制造废物粉末，增加物料比表面积，以缩短物料的化学反应时间。磨机的种类较多，如球磨机、棒磨机、砾磨机、自磨机等。

4. 压缩工艺

固体废物压缩处理是为了减少体积，方便装卸和运输，并生产高密度惰性块，用于储存、填埋或用作建筑材料。可燃废物、不可燃废物或放射性废物均可压缩。固体废物压缩机的类型较多。以城市垃圾压缩机为例，小型家用压缩机可安装在柜下，大型压缩机可以安装在整辆车上，每天可压缩数千吨垃圾。压缩机大致可分为立式压缩机和卧式压缩机两种类型。

（二）冶炼固体废物的物理处理

冶炼固体废物的物理和理化性质通常用于分选或分离固体废物中的有用或有害物质。通常物理性质有重力、磁性、电性、光电性、弹性、摩擦性、粒径特性；理化性质有表面润湿性等。根据固体废物的这些特点，可采用的分选方法有重力分选、浮选、磁力分选、电力分选、拣选、摩擦和弹道分选。

1. 重力分选技术

重力分选是将物料送入活动或流动的介质中，分选不同密度产物的一种方法，颗粒密度的不同，导致不同的运动速度或运动轨迹。重力分选常用水、空气和悬浮液。目前，实验室只使用重液。重力分选方法可分为重介质选、跳汰选、摇床选和溜槽选。一般而言，分级和洗矿也属于重力分离范畴。重力分选的优点是生产成本低，处理物料粒度范围广，对环境污染小。

2. 浮选技术

浮选是固体废物回收利用技术中的一项重要技术，主要用于分离重力分选不易分选的细小固体颗粒。浮选的原理是利用矿物表面的理化特性，在一定条件下加入各种浮选剂（发泡剂、捕收剂、抑制剂、介质调整剂等），并机械搅拌，使悬浮物附着在气泡或浮选剂上，连同气泡一起浮到水面，然后将其回收。

3. 磁选技术

磁选有两种类型：一种是电磁和永磁的磁力分选。磁选方法是在带式输送机末端设置电磁或永磁的磁力滚筒。当物料通过磁力滚筒时，铁磁物料可以被分选出来；另一种是磁流体分选。磁流体通常使用强电解质溶液、顺磁溶液和磁性胶体悬浮液。似加重后的磁流体密度称为视在密度。视在密度比介质的原始密度高几倍。介质的真密度一般为 1400 ~ 1600kg/cm^3，视在密度可高达 21500kg/cm^3。通过改变外磁场强度、磁场梯度或电场强度，可以任意调节流体的视在密度。将固体废物置于磁流体中，通过调整磁流体的视在密度，可以有效地分选出任意密度的物料。

磁流体分离（MHD）是将重力分选和磁选原理相结合的分选过程。非磁性材料在准加重介质中按密度差进行分选，类似于重力分选。磁性物料是根据磁场中的磁差来分选的，类似于磁选。磁流体分选在固体废物处理和利用中占有特殊的地位，它不仅可以分选各种工业废物，还可以从城市垃圾中分选铝、铜、锌、铅等金属。

4. 电力分选方法

电力分选是利用所选物料的电学性质差异来分离高压电场中物料的一种方法。制造一个电力场，可以通过两种主要方式来实现：一是静电分选：这种方法使用静电力来分选废物。废物被放置在一个带电的输送带上，然后一个带有相反电荷的电极放置在输送带的上方。这会导致废物中的带电粒子受到电力场的吸引或排斥，从而分离出不同的组分；二是磁性分选：如果废物中含有磁性材料，可以使用磁场来分选它们。一个强磁场会吸引或排斥磁性废物，使其分离出来。废物在电力场中被分选后，可以通过物理手段（如输送带、振动装置）将不同的组分离出来，并分别收集到不同的容器或传送带上。有时候需要对电场的强度、方向和时序进行调整，以优化分选效率。这可能需要实时监测和控制系统来确保最佳分选结果。分选后的不同组分可以进一步进行处理或销售。例如，金属可以回收，非金属部分可以进一步处理或处置。

5. 拣选方法

拣选是利用材料的光、磁、电、放射性等分选特性的差异来实现分选的一种新方法。拣选时，物料呈单层（行）排除，由检测器逐个检测。利用电子技术对检测信号进行放大，驱动拣选执行机构将物料分选出来。拣选可用于从大量工业固体废物和城市垃圾中分离塑料、橡胶、金属及其产品。

6. 摩擦和弹道分选技术

摩擦和弹道分选是利用固体废物中各种混合物质的摩擦因数和碰撞恢复系数的差异进行分选的新技术，其原理是各种固体废物的摩擦因数和碰撞恢复系数存在明显的差异。当它们沿斜面运动并在斜面上碰撞时，会产生不同的速度和反弹轨迹，从而达到分选的目的。

（三）冶炼固体废物的化学处理

冶炼固体废物的化学处理是利用固体废物进行化学转化，回收物质和能源的有效方法。煅烧、焙烧、烧结、溶剂浸出、热分解、焚烧、电力辐射等属于化学处理技术。

1. 煅烧法

煅烧是在合适的高温条件下，从物质中除去二氧化碳和水的过程。煅烧过程中发生脱水、分解、化合等物理化学变化。碳酸钙渣经煅烧再生石灰，反应为：$CaCO_3 \rightarrow CaO + CO_2$。

2. 焙烧法

焙烧是将材料在适当的环境中加热到一定温度（低于其熔点）以引起物理和化学变化的过程。根据焙烧过程中的主要化学反应和焙烧后的物理状态，可分为烧结焙烧、磁化焙烧、氧化焙烧、中温氯化焙烧、高温氯化焙烧等。这些方法在各种工业废物的回收利用过程中具有较为成熟的生产工艺。

（1）烧结焙烧。烧结焙烧是将物料烧结成具有一定强度和特性的块状物的工艺过程。在烧结炉炉料中配入钢渣生产烧结矿是烧结焙烧的一种。

（2）磁化焙烧。磁化焙烧的目的是将弱磁性物质转变为强磁性物质，使其通过弱磁场磁选机进行分选和回收。硫铁矿、硫铁矿烧渣等铁的硫化物和氧化物不仅增加了磁性，而且在适宜的温度和还原环境下焙烧后强度也大大降低，对破碎和粉磨具有重要意义。

（3）氧化焙烧和中温氯化焙烧。氧化焙烧和中温氯化焙烧是指物料在氧化或氯化环境下的中温焙烧。如果煤矸石中含有 FeS_2，氧化环境下焙烧可产生 SO_3，SO_2 和水可形成 H_2SO_4，加氢可形成硫酸铵肥料。如果硫铁矿烧渣在 600～650℃的氯化环境中焙烧，则烧渣中的有色金属氧化物形成可溶性氯化物。有色金属可从可溶性氯化物溶液中回收。

（4）高温氯化焙烧。高温氯化焙烧是指在氯化环境中，在较高温度（1000℃以上）下进行的物料焙烧。硫铁矿烧渣与氯化钙混合成球团，干燥后在 1000℃以上的高温下进行氯化焙烧，有色金属氯化挥发，与三氯化亚铁分离。从挥发性有色金属氯化物烟尘中收集和回收有色金属。焙烧的球团可用于炼铁。

3. 烧结法

烧结是将粉末或颗粒物质加热到低于主要成分熔点的温度，使颗粒结合成块或球团，并提高致密度和机械强度的过程。为了更好地烧结，应在材料中加入一定量的助熔剂，如石灰石和苏打。在烧结过程中，物料发生物理化学变化，改变其化学性质，局部熔化，形成液相。烧结产物可以是可溶性化合物，也可以是不溶性化合物。应根据下道工序的要求制定烧结条件。烧结通常是焙烧（烧结焙烧）的目的，但焙烧并不一定需要烧结。

4. 溶剂浸出法

将固体物料加入液体溶剂中，固体物料中的一种或多种有用金属溶解在液体溶剂中，以便下一步从溶液中提取有用金属。这种化学过程称为溶剂浸出法。根据浸出剂的不同，可分为水浸、酸浸、碱浸、盐浸和氰化浸。溶剂浸出法广泛应用于固体废物中有用元素的回收利用，如用盐酸浸出物质中的铬、铜、镍、锰等金属以及从煤中浸出结晶三氯化铝和二氧化钛。在生产中，应根据物料组成、化学成分和结构选择浸出剂。浸出过程一般在常温、常压下进行，但为了强化浸出过程，常采用高温高压浸出。

5. 焚烧法

焚烧是一种控制固体废物燃烧的方法，其目的是将有机和其他可燃物质转化为二氧化碳和水，排放到环境中，减少废物量，便于填埋。在焚烧过程中，许多病原体和各种有毒有害物质也能转化为无害物质，因此它也是一种有效的灭菌废物处理方法。焚烧和燃烧是不同的，焚烧的目的在于减少固体废物，并使残渣安全、稳定。燃烧的目的是从燃料燃烧中获取热能。然而，焚烧必须以良好的燃烧为基础，否则会产生大量黑烟。同时，未完全燃烧的物料进入残渣，不能达到减量、安全、稳定的目的。尽管固体废物焚烧的目的和燃烧条件不同于燃料燃烧，但它毕竟是一个燃烧过程。无论固体废物的种类和组成有多复杂，其燃烧机理都与一般固体燃料相似。固体废物焚烧是在焚烧炉中进行的。焚烧炉有很多种，如炉排式焚烧炉和流化床焚烧炉。

6. 溶炼法

溶炼法是先将废物熔化到熔炼炉中，再加入还原剂和稀释剂，高温熔炼，使废物中的金属还原，硫化成硫化物金属，然后回收。通常称为"还原贫化"法。常用的贫化剂有黄铁矿、硫化钠、各种硫化精矿等。该法的冶炼过程很简单。利用现有设备的余热和冶炼厂的废物，熔炼后产生的废物可直接返回生产工序。可处理铜渣、钴渣、铅渣、镍渣和锑泡渣。

7. 挥发法

挥发法是根据废物中某些金属在高温和一定的大气条件下易挥发的特点而采用的一种处理方法。在回转窑或熏蒸炉中加入锌渣，废物中的氧化锌还原成金属或低价氧化物，在高温和还原环境下挥发。氧化锌通过除尘系统以烟尘的形式回收。在回转窑中进行的挥发称为"威尔兹"法，在烟化炉中进行的称为"烟化"法。根据挥发过程中所控制的环境，可分为还原挥发、氯化挥发、硫挥发和氧化挥发。挥发法工艺简单，综合回收率好，经济效益高。

8. 浮选法

重有色冶炼废物的浮选处理工艺是将重有色冶炼废物粉碎后制成浆，在浮选槽内进行浮选。浮选时，应采用机械搅拌，通入空气，加入各种浮选剂，使金属浮起气泡，浮选产出精矿后的剩余部分为尾矿。浮选法处理废物具有工艺时间短、成本低的特点，用于处理贵金属废物，回收效果好。浮选是国外处理废物的一种常用方法。

9. 湿法冶金处理法

根据所用溶剂的不同，废物的湿法冶金处理可分为酸浸、碱浸和盐溶液浸。废物的湿法处理通常需要在浸出前对废物进行焙烧或粉磨预处理，然后进行浸出。根据浸出液的性质，选择置换、沉淀、离子交换、萃取、热分解、电化学、电解等工艺，从浸出液中分离出金属或金属化合物、络合物。回收产品根据使用的工艺不同而不同，包括金属粉、纯金属和各种金属化合物或合金。

湿法冶金处理法可以处理各种冶金废物，具有适应性强、方案简单、综合回收率高等优点。湿法处理基本上不排放废气，但出水需要处理。含稀有贵金属的废物经湿法处理后，既能回收重金属，又能回收贵金属，因此被越来越多的工厂采用，发展迅速。在国内某厂对废旧电池和镀锌渣进行了湿法处理。处理流程为：硫酸浸出—净化—锌、锰同时电解。该方法将湿法炼锌与电解二氧化锰相结合。锌和锰的回收率分别为95.74%和93.4%。该方法技术可行，经济有效。废物的湿法冶金处理有时流程较长，中间渣需要进一步处理，从而增加了处理成本。

（四）技术固体废物的生物处理

生物处理又称生化处理，是利用微生物处理各种固体废物的方法。其基本原理是利用微生物的生化作用，将复杂的有机物分解为简单物质，将有毒物质转化为无毒物质。根据供氧的有无，生物处理可分为好氧生物处理和厌氧生物处理。好氧生物处理是在水中有充分的溶解氧存在的情况下，利用好氧微生物的活动，将固体废物中的有机物分解成二氧化碳、水和氨以及硝酸盐。厌氧生物处理是利用厌氧微生物的活动，在缺氧条件下将固体废物中的有机物分解为甲烷、二氧化碳、硫化氢、氨和水。生物处理技术具有效率高、运行成本低的优点。

四、冶炼固体废物的综合利用方式探索

冶炼产生的固体废物具有双重性质：一方面占用大量土地，污染环境；另一方面含有许多有用物质，是一种资源。在20世纪70年代之前，世界对固体废物的认识只停留在处理和防止污染的问题上。20世纪70年代以来，由于能源和资源的短缺以及人们对环境问题的认识不断加深，人们已从被动处理转向综合利用。综合利用是指对固体废物中有价值的物质和能量进行回收利用的管理或工艺措施。固体废物的综合利用方式主要包括以下方面：

第一，提取各种金属。提取最有价值的金属是固体废物回收利用的重要途径。①钢渣中含有铁。从钢渣中提取铁是近年来发展起来的一项新技术。②有色金属渣通常含有其他金属。在重金属冶炼渣中，金、银、钴、锑、硒、

碲、铊、钯、铂等常被提取出来。有的甚至可以达到或超过工业矿床的品位。其中一些矿渣回收稀有金属比主金属更有价值。如果不首先提取这些稀有贵金属和其他贵重金属，就无法达到最佳利用效果。因此，必须先回收稀有金属和贵金属，之后才能将矿渣用于一般用途。

第二，生产建筑材料。利用工业废物生产建筑材料是一种广阔的途径。利用工业废物生产建筑材料，通常不会造成二次污染，是消除污染、使大量工业废物资源化的主要途径之一。

一是生产碎石。高炉渣、铁合金渣、钢渣等冶金渣经冷却后自然结晶，无粉化现象。其强度和硬度与天然岩石相似，是生产碎石的良好材料，可用作混凝土骨料、道路材料、铁路道床等。利用工业废物生产碎石，可以减少天然砂岩的开采，有利于保护自然景观，有利于水土保持和农林生产。因此，从合理利用资源和保护环境的角度出发，应大力推进渣砾石生产。

二是生产水泥。部分工业废渣的化学成分与水泥相似，具有水硬性。如粉煤灰、水淬高炉渣、钢渣、赤泥等，可用作硅酸盐水泥的混合料。由高炉矿渣和部分水泥熟料制成的水泥称为矿渣硅酸盐水泥，由粉煤灰、煤矸石和水泥熟料制成的水泥称为火山灰硅酸盐水泥。一些氧化钙含量高的工业废渣，如钢渣、高炉渣，也可以生产无熟料水泥。此外，煤矸石和粉煤灰也可以代替黏土作为水泥生产的原料。

三是生产硅酸盐建筑制品。硅酸盐产品可以用一些工业废渣生产出来。在粉煤灰中掺入适量的炉渣、矿渣等集料，与石灰、石膏、水拌和，可制成养护砖、砌块与大型墙体材料。砖瓦也可以用尾矿、电石渣、赤泥、锌渣等制成。煤矸石的成分与黏土相似，含有一定的可燃成分，它不仅可以代替黏土，而且还可以节约能源。

四是生产铸石和微晶玻璃。铸石具有耐磨、耐酸碱腐蚀的特点，它是钢铁和一些有色金属的良好替代材料。部分冶金渣的化学成分能满足生产铸石的要求，这些冶金渣可直接用来生产铸石，不需要再加热。与用天然岩石生产铸石相比，可节约能源。炉渣微晶玻璃是近年来国外发展起来的一种新材料，其主要原料是高炉渣或合金渣。渣玻璃陶瓷具有耐磨、耐酸、耐碱腐蚀的特点，其密度比铝轻，在工业和建筑中有着广泛的应用。

五是生产矿渣棉和轻集料。生产矿渣棉和轻集料也是利用各种工业废物的途径之一。例如，高炉渣或煤矸石可用于生产矿棉，粉煤灰或煤矸石可用于生产陶粒，高炉渣可用于生产膨珠或膨胀矿渣。这些轻质集料和矿渣棉在工业和民用建筑中的应用越来越广泛。

六是生产钢渣粉。钢渣粉具有一系列的使用特性，近年来发展迅速。中业建筑研究院有限公司研制并应用钢渣粉作为混凝土掺合料，已经取得了重要成果。

第三，生产农肥。利用固体废物生产农肥或替代农用肥料具有广阔的前景。许多工业废物含有高硅、高钙和多种微量元素，其中一些还含有磷，因此可以用作农业肥料。农业利用工业废物主要有两种方式，即直接用于农田和化肥生产。如粉煤灰、高炉渣、钢渣、铁合金渣可直接作为硅钙肥用于农田，既可提供农作物所需的养分，又可改善土壤。当钢渣中磷含量较高时，可作为生产钙镁磷肥的原料。但是，必须注意的是，将工业固体废渣用作农业肥料时，必须严格检查废物是否有毒。如果是有毒废物，就不能用于农业生产，但如果有可靠的解毒方法，就有更大的使用价值，只有经过严格的解毒，才能谈综合利用。

第四，回收能源。废物再生综合利用是节约能源的主要途径。许多固体废物具有较高的热值和势能，可以充分利用。固体废物的能量回收可以通过焚烧法、热解法等热处理方法和甲烷发酵、水解等低温方法实现，一般而言第五，取代某种工业原料。为了节约资源，可以对固体废物进行处理，以取代一些工业原材料。部分废渣可代替砂、石、活性炭、磺化煤等作为过滤介质净化污水。高炉渣可以代替砂石作为过滤材料处理废水，也可作为吸附剂从水面回收石油产品。

总而言之，固体废物的利用对减少和消除固体废物的危害，保护环境，节约原材料和能源具有重要意义。在考虑固体废物的处理时，先要考虑综合利用。

五、钢铁固体废物处理技术路线及利用

（一）钢铁固体废物处理技术路线原则

第一，钢铁工业生产过程中产生的固体废物是环境中的主要污染物之一，也是一种有用的二次资源。它必须得到最大程度的处理和利用。

第二，钢铁工业生产应当尽量选用不产生或者少产生固体废物的工艺、技术和原料。支持和鼓励钢铁工业固体废物处理和综合利用技术的研究和开发。

第三，选择各种固体废物处理工艺必须考虑合适的综合利用方式。同时，根据固体废物的理化性质和综合利用要求，固体废物处理应是采用满足钢铁工业生产需要、工艺流程简单、设备投资少、有利于产品的综合利用的方法。

第四，固体废物综合利用应当首先考虑经济效益好、处理利用量大的途径，并尽可能在企业和区域内就地利用。

第五，综合利用技术成熟的固体废物，应当有相应的运输、处理、加工和综合利用设施。不再设置长期堆场，而只设中间储场。

第六，对综合利用技术不成熟的固体废物，应妥善贮存、处理，分类堆放，以利于今后的综合利用。

第七，综合利用钢渣的性能应当符合国家各类钢渣产品技术标准的要求。用于道路施工、工程回填和建筑材料的钢渣，金属含铁量不应超过1%（大于2mm钢粒），冶炼熔剂不能选用废钢。

第八，有毒固体废物的堆放，必须采取防水、防渗、防损等措施，设置危险废物标志。

（二）钢铁固体废物的各工序技术路线

1. 采矿废石与尾矿的处理及综合利用

（1）采矿产生的废矿应尽可能就近用于填充采空区或作为内排土使用。如有可能，应回收或处理废石。

（2）选矿厂废尾矿库应进行复垦或绿化。尾矿粉可用作地下采矿的建筑材料、混凝土掺合料和充填材料。

2. 高炉渣、化铁炉渣的处理及综合利用

（1）高炉渣除少量特殊渣（如放射性渣）外，应综合处理利用。

（2）高炉渣应尽量产生水渣，少排放干渣。水渣的综合利用主要是用作水泥混合料，也可根据需要用作其他建筑材料。

（3）高炉渣水淬工艺采用沉淀过滤法和高炉前转鼓法，逐步淘汰泡渣法。

（4）高炉水冲渣的渣水比一般为1:10（鼓式法可降低），冲渣沟的坡度应保持在3.5%，冲渣水应循环利用。水冲渣系统应配备必要的防爆设施和排气筒。沉淀过滤法应配备反冲洗装置。事故水塔应安装在大型高炉内，保证5min的供水。

（5）高炉渣也可用于生产少量膨胀渣珠或吹制渣棉作为建筑轻集料或保

温材料。但是，在生产中应控制渣棉和噪声污染。

（6）高炉渣处理应配备破碎和筛选设施。各种规格的重矿渣经破碎、筛分后可作为混凝土骨料和建筑材料。

（7）电石渣一般采用炉前水淬法处理，它的处理工艺与高炉渣水淬基本相同。

3. 钢渣的处理工序及综合利用

钢渣的处置应根据各种钢渣的理化性质、综合利用方式和工厂的具体情况，按以下程序对各种方法进行取舍组合，以达到排渣快速、运输方便、经济合理的目的：

（1）钢渣预处理工序。钢渣预处理可采用以下方法：

第一，热泼涂。适用于转炉渣、平炉渣、电炉氧化渣的处理。

第二，水淬法。适用于流动性较好的转炉渣、平炉渣、电炉还原渣。为了保证安全生产，必须控制足够的渣水比和水嘴处的水压。

第三，热焖法。适用于中小钢厂含5%以上游离氧化钙的转炉渣。热焖方法有堆焖、锅焖和坑焖，可根据工厂具体情况选择。

第四，自然风化。钢渣堆放在渣场自然冷却风化。由于占地面积大，使用起来很困难。今后应逐步淘汰（电炉还原渣除外）。

（2）钢渣破碎、磁选、筛分工序。本工艺是将冷固渣块破碎，选用废钢，筛成所需规格的渣，可选用以下系统：

第一，落锤破碎法。适用于破碎大型冷固渣，如渣壳、注余渣坨、大块夹渣钢等。

第二，钢渣自磨、磁选、筛分流程。自磨机、磁选机、振动筛是主要系统。

第三，钢渣破碎、磁选、筛分流程。粗碎采用颚式破碎机，中细破采用圆锥破碎机，磁选机、振动筛为主要系统。

（3）渣钢精加工工序。为使提纯磁选出的渣钢供电炉炼钢，可以建立以磨矿设备为主体的精加工系统。

（4）钢渣陈化工序。对有游离氧化钙要求的钢渣进行堆存陈化处理，使游离氧化钙充分消解，达到使用标准要求。

钢渣的综合利用应根据企业和地区的实际情况进行。首先应考虑钢材的内部使用，以充分回收利用钢渣中的金属及其他有用成分；其次考虑用于水泥、道路建设、工程回填、建材、农业肥料等。

4. 铁合金渣的处理及综合利用

铁合金产品种类繁多，生产工艺不同。铁合金渣的处理工艺应根据综合利用方式、产品类型和冶炼工艺合理选择。铁合金渣的处理主要分为干渣处理、水淬处理和有毒渣处理。例如，高炉锰铁渣、含锰量低（Mn ≤ 15%）的碳素锰铁渣、中低碳锰铁渣、硅锰合金渣、磷铁渣采用水淬法处理。铬浸出渣和五氧化二钒浸出渣按有毒渣处理。其他铁合金渣可用干渣处理。

（1）铁合金干渣处理工艺。

第一，人工破碎和分拣法。适用于各种硅铁渣、硅铬合金渣、中碳铬铁渣等。

第二，渣盘凝固及机械破碎法。适用于高碳锰铁渣、钨铁渣、金属铬冶炼渣、钛铁渣等。

第三，渣盘凝固自粉法。适用于低碳铬铁渣，钒钛冶炼渣，中、低碳锰铁渣等。

第四，渣盘凝固、干渣堆放法。适用于钼铁渣、碳铬铁渣等。

（2）铁合金渣水淬处理工艺。

第一，炉前水淬粒化法。适用于中小铁合金电渣、锰铁高炉渣的应用。

第二，倒罐水淬粒化法。适用于大中型铁合金电渣的应用。

（3）有毒铁合金渣处理工艺。

第一，对有毒铁合金渣进行无害化处理并综合利用，消除污染，使其无害化、效益化。

第二，金属铬浸出渣（含六价铬）可与磷灰石、焦炭配料，经熔融、水淬粒化、粉磨后制成。

第三，生产钙镁磷肥，或作为烧结助熔剂、玻璃着色剂。

第四，五氧化二钒浸出渣(含五价钒)可与焦粉黏结剂配料,经润磨、制粒、还原焙烧、电炉熔炼等工序生产含钒生铁和一般废渣。

第五，如无条件使用有毒铁合金，应经无害化处理后贮存。有毒铁合金渣的贮存必须符合国家有关标准的要求。

5. 含铁尘泥、氧化铁皮等处理及综合利用

（1）钢铁工业生产过程中烧结粉尘和污泥、高炉瓦斯灰污泥、炼钢烟尘和污泥、轧钢氧化铁皮、原料场等产生的环境粉尘，其含铁量为

40%～50%，应在处理后作为含铁原料利用。

（2）含铁粉尘、污泥等经统一处理后可送原料场或用于烧结。脱水干燥后的污泥含水率应小于15%，北方地区的含水率应较低。

（3）炼钢过程中产生的含铁粉尘和污泥，可用石灰消化、成球、干燥后返回炼钢炉作为熔剂使用。

（4）炼钢应优先使用氧化铁皮，其次是炼铁、烧结添加剂和粉末冶金原料。为便于氧化铁皮的使用，应设置氧化铁皮加工车间进行处理。

（5）不能用作含铁原料的尘泥可用作建筑材料。

（6）含铁尘泥用于烧结炼钢时，应进行必要的化学分析。铅、锌、铬、磷等有害元素含量高时，应采取去除措施，防止其富集影响冶炼生产。上述有害元素可采用直接还原法（如金属化球团法、粒铁法）或预还原球团法去除。

（7）含油渣泥应焚烧，经处理后粒度小于10mm的铁渣可用于烧结。

（8）炼焦厂回收、精制、污水处理后的废渣、污泥可在选煤车间掺入炼焦煤。

（9）碱性污泥应焚烧。在沉淀池和熄焦除尘装置中收集的焦粉粉末可作为烧结的燃料。

6. 废油、废酸液处理及综合利用

（1）废油再生处理。轧钢厂的废油（主要是废润滑油和废水处理设施收集的含水废油）应回收利用。大中型钢铁企业应当设置废油再生站，对本企业回收的废油进行再生处理。废油再生通常采用加热分解法。

（2）废酸再生处理。酸洗过程中排出的各种酸液应回收利用，进行再生处理或其他综合利用。废酸液的处理工艺应根据其组成、数量和综合利用的经济效益进行选择。

第一，硫酸洗废水处理。硫酸和硫酸亚铁可通过冷凉结晶法、无蒸发冷冻结晶法、真空浓缩结晶法回收，也可采用聚合硫酸铁工艺生产净水剂等。

第二，盐酸酸洗废水处理。可以通过喷雾焙烧或流化床回收盐酸和三氧化二铁，也可以用其他方法制备氯化铁。回收的盐酸可用于酸洗，氧化铁可用于生产软磁、硬磁铁氧体或粉末冶金。

第三，硝酸－氢氟酸酸洗废水处理。硝酸和氢氟酸可以通过一次减压蒸发法回收。

7. 锅炉、煤气发生炉灰渣等处理及综合利用

（1）锅炉粉灰煤及炉渣的处理应逐步由"贮存为主"向"使用为主"转变。应考虑灰耗大、工艺简单、投资少和当地需要的项目，如道路施工、烧结砖、混凝土掺料、粉煤灰硅酸盐水泥和回填工程配料。

（2）干法除尘收集的粉煤灰应根据其利用情况进行贮存和运输。电除尘器不同电场收集的飞灰应分别收集、贮存和运输

（3）煤气发生炉炉渣可用于填坑、筑路、制砖。

（4）乙炔站的电石渣可作为酸性废水中和剂、水质软化剂或建筑材料使用，并设置必要的储运设施。

（三）钢铁固体废物综合利用发展方向

1. 实施减量化原则，减少固体废物的产生量

"减量化、资源化、无害化"三项原则是固体废物污染防治的基本途径和战略，其中实施减量化最为根本。因此，钢铁企业应加大结构调整力度，提高技术水平，加强管理和经营，推行清洁生产，努力降低原材料和燃料消耗，提高资源利用率，采取综合措施。在生产、循环、消耗等方面，从源头上减少固体废物的产生。

2. 实施资源化原则，提升固体废物综合利用率

在当今资源日益稀缺的情况下，钢铁企业产生的固体废物的处理应以工厂综合利用为基础。一方面，可以缩短固体废物的处理流程，避免二次污染；另一方面，可以用部分钢铁固体废物替代铁矿石作为冶炼原料，减轻铁矿石价格高对生产的影响，并有效降低生产成本。生产实践表明，只要固体废物中总铁和碳含量超过50%，含铁固体废物就可用于烧结矿的配矿。其他固体废物可根据其成分的不同合理利用，尽可能提高资源的内部循环利用。

3. 开展深加工处理，提高固体废物综合利用的附加值

钢铁企业的固体废物除了自身的回收利用外，对进一步加工更为重要，如将高炉渣和钢渣制成细渣粉和钢渣粉。高炉渣是一种具有潜在水力学和胶凝性能的硅酸盐材料。钢渣的主要矿物成分是硅酸三钙和硅酸二钙。其水化硬化过程和水化产物与硅酸盐水泥熟料相似。根据水渣和钢渣的水工性能和胶凝性能，将水渣和钢渣加工磨成渣粉和钢渣粉，可替代10%～30%的水泥配制等量的混凝土。这不仅提高了水渣、钢渣综合利用的附加值，而且是实

现水渣、钢渣零排放的有效途径。另外，高炉煤气除尘的重质灰可采用浮选和螺旋分离技术进一步处理。分离出的铁粉和碳粉，可优化烧结厂配矿操作，提高中和矿的铁品位；尾泥因其含有一定的热值，可作为制砖原料，实现重力灰的高附加值和高效益使用。

六、有色金属固体废物处理技术路线及利用

（一）有色金属固体废物处理技术路线总则

有色金属固体废物的综合利用主要是指开发自然资源过程中各种共生或伴生资源的综合利用，冶炼或加工过程中废物的回收利用，以及资源化利用等。有色金属工业产生的固体废物中，有铜、铅、锌、铁、硫、钨、锡等多种元素和一些稀有元素，还有金、银等贵金属。尽管有色金属工业固体废物中这些贵重金属的含量很小，且提取难度大，成本高，但由于此类固体废物产量大，可提取的贵重金属的数量相当可观，这些固体废物的综合利用将带来可观的社会、经济和环境效益。目前，我国有色金属产量大幅度增长，污染物产量将大幅度增长。但由于采取了多种措施，主要污染物排放基本得到控制，主要污染物排放呈下降趋势。

（二）重有色金属固体废物的综合利用

由于原料来源、成分和生产方式的不同，重金属冶炼炉渣的成分也有很大的不同。对重金属冶炼中的无害渣进行综合利用。回收贵重金属成分后，还应综合利用有害渣，实现无渣排放，废渣综合利用途径包括：一是建筑材料的生产。从铜、铅、锌和镍冶炼废渣中回收贵重金属后，剩下的主要是铁化合物。二是铁路道碴和公路路基。20世纪60年代以来，铜鼓风炉水淬渣在我国一直用作铁路道碴。三是矿渣棉生产。矿渣棉是一种良好的隔热、隔音材料，具有耐腐蚀、不燃烧、不发霉的特点。我国用铜渣生产的渣棉板质量很好。四是磨石、铸石生产。

（三）铝工业固体废物的处理及利用

铝工业产生的固体废物主要包括铝矾土残渣、氧化铝残渣、废弃铝制品和其他杂质。这些废物可以通过多种方式进行处理和利用，以减少对环境的不利影响，并有可能从中获取附加价值。

第一，铝矾土残渣的处理与利用。通过反应铝矾土残渣和氢氧化钠，可回收铝、钠和铝土矾。铝矾土残渣可用作水泥生产的原材料，其中氧化铝石和硅酸盐等成分有助于水泥的硬化。铝矾土残渣可以用于制造陶瓷和玻璃产品中的各种添加剂。

第二，氧化铝残渣的处理与利用。氧化铝残渣可以回收铝和其他有用的金属，通常通过电解再生法。类似于铝矾土残渣，氧化铝残渣也可用于水泥生产。氧化铝残渣可用于制造建筑材料，如砖块、混凝土和路基。

第三，废弃铝制品的处理与利用。废弃铝制品可以回收并重新加工成新的铝制品，如铝罐、铝箔、汽车零件等。废弃铝制品中的铝合金可以用于生产新的合金材料。

第四，其他杂质的处理与利用。将废物进行分类，将可回收和不可回收的部分分开处理，以最大程度地减少废物的数量。有些铝工业废物可以经过热处理，如焚烧以减少体积和有害物质。对于无法处理的废物，采用合适的填埋技术，确保废物对环境的影响最小化。

在处理和利用铝工业固体废物时，必须遵守环境法规和标准，以确保废物的处理不会对周围环境和人类健康造成危害。此外，应推动研究和技术发展，以寻找更有效的废物处理和回收方法，以降低资源浪费和环境影响。

（四）稀有金属固体废物的处理及利用

稀有金属固体废物的处理包括：一是湿法处理。废渣以各种酸、碱为溶剂进行浸出，使贵重金属进入溶液加以回收。二是热冶金处理。在冶炼炉中加入还原剂和助熔剂，使废渣熔化，产出金属或合金。三是焙烧－湿法处理。废渣先焙烧后湿法处理。实际上，焙烧是湿法处理的预处理。四是浮选法。浮选法、还原熔炼法、氨浸出法、氯化法和冶金联合工艺都是处理稀有金属渣的方法。稀土金属废物中含有放射性物质，必须妥善处理。对于稀有金属固体废物的利用可以实施资源转化，如通过将稀有金属废物回收并重新用于制造新产品，实现循环经济，减少资源浪费。研究和开发新的材料，这些材料包含回收的稀有金属，以创造更具价值的产品。稀有金属固体废物的利用还可以寻找可替代稀有金属的技术和材料，以减少对这些金属的需求。研究和开发不依赖稀有金属的新材料，以降低对它们的依赖性。此外，可以参与国际资源管理和回收合作，以确保稀有金属废物的可持续管理和回收。提高公众对稀有金属的价值和有限性的认识，鼓励人们参与回收和循环利用活动。

第二节 建材行业工业固体废物的回收和利用

建材行业工业固体废物的回收和利用对于资源节约、环境保护和可持续发展都具有重要意义。在进行建材行业工业固体废物的回收和利用工作时，需要注意以下方面：

一、废弃建筑材料的回收

建筑业是废弃建筑材料的主要来源之一，混凝土、砖块、瓷砖、木材等材料在建筑工程完成后通常被废弃，这些废弃建筑材料可以通过回收再利用，降低对新资源的需求。例如，废旧混凝土可以被粉碎和重新加工，制成再生混凝土，具有与新混凝土相似的性能，但减少了资源的使用。同样，砖块和瓷砖也可以通过破碎和再加工用于新建筑项目，从而延长它们的寿命。废弃的木材也可以被回收，用于生产木材颗粒板、纤维板和木屑，或者转化为生物质能源。这种废弃建筑材料的回收不仅有助于资源的节约，还有助于减少建筑废物填埋场的负荷，减少土地资源的浪费。通过采用回收建筑材料，还可以降低新建筑项目的成本，促进建筑行业的可持续发展。

二、废弃金属材料的回收

在建材行业中，金属材料，尤其是钢铁，是不可或缺的。废弃的金属材料可以通过回收再利用来降低新资源的需求。钢铁废料回收是其中一个关键领域，废弃的钢铁可以被回收并用于生产新的钢材产品。这不仅有助于节约铁矿石等原材料，还降低了能源消耗，因为回收钢铁通常比从矿石中提取更能节省能源。

三、废弃玻璃材料的回收

玻璃是建材行业中常用的材料，包括玻璃瓶、窗户玻璃等。废弃的玻璃可以通过回收和再利用来减少新玻璃制造所需的原材料和能源。回收的玻璃可以用于制造新的玻璃产品，这有助于降低废玻璃对环境的影响，减少玻璃废物填埋的需求。此外，回收玻璃还有助于减少二氧化碳的排放，因为玻璃制造通常需要高温，而回收玻璃的生产能耗较低。

四、废弃塑料材料回收与再加工

塑料在建材行业中也有广泛的应用，如制造塑料板材、管道等。废弃的塑料可以通过回收再加工来生产新的塑料制品，从而减少对新塑料原料的需求，这不仅有助于节约石油等原材料，还可以减少塑料废物对环境的污染。在这方面，废塑料回收和再加工是一项重要的任务，可以通过机械处理、化学回收等技术将废弃塑料重新加工成新的塑料制品。此外，一些创新性的方法还可以将废弃塑料转化为其他有价值的化学品和材料，从而实现更广泛的资源利用。

五、废弃石膏板的再利用

石膏板在建筑行业中被广泛使用，废弃的石膏板可以通过回收再利用来减少新石膏板的生产。回收的石膏板可以用于制造新的石膏板，也可以用于土壤改良和农业领域。在土壤改良方面，石膏板中的石膏成分可以帮助改善土壤结构，提高土壤的肥力，促进农业生产。此外，废弃石膏板的回收还有助于减少对石膏矿石的需求，降低开采对环境的影响。因此，废弃石膏板的再利用对资源的保护和环境的可持续性都具有积极意义。

六、废弃沥青的再利用

沥青在道路建设中广泛使用，废弃的沥青可以通过回收再利用来维护和修复道路，减少新的沥青需求。废弃沥青可以被热再生或冷再生的方法重新加工，用于道路修复和施工。这种方法可以减少新沥青的生产，降低新资源的需求，同时减少沥青废物对环境的污染。在沥青回收过程中，旧沥青可以被加热并与新沥青混合，以制造高质量的道路表面，这降低了施工成本，同时延长了道路的寿命。

七、废弃建筑材料的再生产

建筑材料制造商可以采用回收材料来生产新的建筑产品。例如，再生砖、再生混凝土块等建筑材料可以使用回收的混凝土、砖块和其他废弃建筑材料制造而成。这种方法不仅有助于降低新资源的使用，还可以降低生产成本，提高产品的可持续性。

八、工业废渣的合理利用

工业废渣，如钢铁生产中的炉渣、水泥生产中的窑渣等，通常包含有价值的成分，可以用于生产水泥、路基填料等。通过合理的处理和再加工，这些废渣可以变成有用的建材。这不仅减少了废渣的填埋，还有助于节约新的原材料和能源。

九、生物质废弃物的利用

生物质废弃物，如农业废弃物和食品加工废弃物，可以用于生物质能源的生产，或者转化为有机肥料。生物质能源包括生物质颗粒、生物气体和生物质液体燃料，它们可以用于供热、发电和交通燃料等领域。将生物质废弃物转化为有机肥料有助于改善土壤质量，提高农业生产效率，这种废弃物的再利用方法有助于减少有机废弃物对环境的污染，同时提供了可再生的能源来源。

总而言之，在建材行业中，综合利用工业固体废物不仅有助于减少资源浪费，降低环境污染，还有经济效益。建材行业可以与废物处理企业、政府部门和研究机构合作，制定切实可行的回收和利用计划，推动可持续建筑材料生产和建设行业的可持续发展。通过这些努力，我们可以更好地保护地球资源，减轻环境负担，同时创造就业机会。

第三节　石油化学工业固体废弃物回收和利用

一、石油化学工业固体废弃物的认知

石油化学工业是以石油、天然气、页岩油为原料生产石油产品和石油化工产品的加工工业，主要包括石油炼制工业、石油化工、石油化纤三大部分。石油化学工业是基础性产业，它为农业、能源、交通、机械、电子、纺织、轻工、建材等工农业和人民日常生活提供配套和服务，在国民经济中占有举足轻重的地位。石油化学工业产品主要包括各种油料，以乙烯、丙烯、丁二烯、苯、甲苯、二甲苯等为代表的基本化工原料，以基本化工原料生产的多种有机化工原料以及继续合成的各种化工产品如合成橡胶、塑料、合成纤维。随着石油化学工业的发展壮大，我国石油化学工业产生大量的固体废物，而且每年呈增加趋势。石油化学工业固体废物种类多、产量大、有机物含量高、成分复杂，大多数属于工业危险废物，对人体健康和环境危害大。因此，石油化学工业固体废物的回收和利用日益受到人们的重视。

（一）石油化学工业固体废物的类型及特征

"石油化学工业固体废物主要来自其生产过程中产生的固体、半固体、容器盛装的液体以及被丢弃的原料等废渣"[①]。例如，石油炼制工业产生的酸、碱废液，石油化工、化纤行业的不合格产品、无用的副产品，以及丢弃的废催化剂、处理污水产生的污泥、检修时产生的固体垃圾等。

1. 石油化学工业固体废物的类型

目前，一般将石油化学工业固体废物按行业、化学性质、危险性程度进行分类。按行业可分为石油炼制行业固体废物、石油化工行业固体废物、石油化纤行业固体废物。石油炼制行业固体废物包括酸碱废液、无用催化剂、油泥等。石油化工和石油化纤行业固体废渣主要有添加剂、废料、废丝等。按照固体废物的性质分为有机工业固体废物和无机工业固体废物。按照废物对身体和环境的危害程度分为一般固体废物和危险性固体废物。一般固体废物通常指经过初步处理的电石渣、催化剂等对身体和环境危害小的废物。危险性固体废物则是指废酸、废碱、氢氰酸等具有毒性、腐蚀性、反应性、易燃性、爆炸性、浸出毒性等特性的有毒有害固体废物。

2. 石油化学工业固体废物的特征

（1）产生量大。石油化学工业的主要原料是石油，在加工过程中每处理4000万吨的原油，损失大约20万吨。损失的原油除一小部分进入大气和水外，大部分成为固体废物的一部分。石油化工、石油化纤行业的固体废物产生量较大，往往随着产品、工艺、装置规模和原料质量的不同而有较大差异。一般每生产1t产品可产生1～3t固体废物，有的产品甚至高达8～10t。另外，石油化学工业是我国的支柱性行业之一，整体规模大，所以我国石油化学工

---

① 杨春平，吕黎. 工业固体废物处理与处置 [M]. 郑州：河南科学技术出版社，2017.

业固体废物的产生量是巨大的。

（2）成分复杂，有机物含量多。石油化学工业产生的固体废物，组成复杂，有机物浓度高。如石油炼制行业排出的废碱液中，环烷酸含量高达10%～15%，酚含量高达10%～20%，油含量高达5%～10%。另外，石油化学工业产生的固体废物，绝大部分为有机物，包含多种有机酸、醛、醇、酮、醚、酯等。罐底泥、池底泥中油含量更是高于60%。

（3）危险性废物种类多，有毒物含量高。石油化学工业产生的固体废物有相当一部分具有毒性、腐蚀性、反应性等特征，对身体健康和环境危害很大，属于危险废物。例如，石油炼制产生的酸、碱废液，不仅含有油、环烷酸、酚、沥青等有机物，还含有毒性、腐蚀性较大的游离酸、碱和硫化物，具有强酸强碱性，其硫化物含量在5000～10000mg/L，COD为30000～70000mg/L，有时甚至更高。该种废液若直接排入环境，会对人体健康和环境造成很大的威胁和破坏。罐底泥、池底泥因含油量高具有易燃易爆性，也属于危险性固体废物。

（4）回收和资源化利用价值高。石油化学工业固体废物既是生产中的废物，又是可贵的二次资源。回收和资源化价值高，利用途径广泛。在废催化剂中含有大量贵重的稀有金属铀、铼、银、钯等，只要采取适当的方式，就可以回收其中的贵重金属并循环利用。废酸、废碱中因含有硫酸、环烷酸、酚等，可以作为生产硫酸、环烷酸、酚的原料。不能直接用于其他生产原料的固体废物，也有其他的再利用价值，如石油炼制过程中产生的页岩渣去除有害成分后，可以生产水泥和道路材料。

（二）石油化学工业固体废物对环境的污染

石油化学工业固体废物对环境的污染主要表现在以下方面：

第一，污染大气环境。废物中的细微颗粒被风吹起，进入大气，增加了大气中粉尘的含量，加重了大气颗粒物污染。另外，堆放的固体废物中的有害成分由于挥发及化学反应等，产生有毒气体，污染环境。

第二，污染水环境，危害水域生态平衡。石油化学工业固体废物大部分都是露天堆放，大量固体废物随着雨水冲刷进入江河湖海，阻塞河道，侵蚀农田。大量固体废弃物中有毒有害物质进入水体，污染水环境，导致水体酸化、碱化、富营养化。

第三，污染土壤环境。由于历史原因，很多企业都是将各类固体废物直接堆放,无任何防污措施,长时间的堆放,导致有毒、有害的物质渗入土壤,污染地下水,造成长期危害。

随着国家环保立法的完善和资源的紧缺,固体废物的处理和资源化日益受到重视,绝大部分固体废物得到了处理和资源化利用。酸、碱废液已全部得到了无害化处理,炼制行业大部分企业都安装了硫酸法或二氧化碳法处理废碱液回收环烷酸、酚和碳酸钠的设备;90%以上的有机废液得到综合利用;污水处理厂产生的油泥和剩余污泥经无害化处理后焚烧或地耕。含重金属的废催化剂全部得到回收,经过适当的物理、化学、熔炼等加工方法后,提炼出其中贵重的金属。

二、石油炼制工业固体废物的回收和利用

(一)石油炼制工业固体废物主要类型

石油炼制工业是以石油和页岩为主要矿物原料,通过常减压蒸馏、催化裂化、加氢裂化及延迟焦化等工艺,生产汽油、柴油、润滑油、液态烃及沥青等产品的基础工业。石油炼制工业生产过程中,几乎每个过程都会产生固体废物,其污水处理也会导致产生一部分污泥。石油炼制工业产生的固体废物主要有酸碱液、页岩渣、白土渣、废催化剂等。

第一,酸碱液。常压蒸馏和经过二次加工制备的汽油、煤油、柴油等油品,常含有一定量的硫和氮的化合物及有机物酸、酚、胶质和烯烃等。另外,高含硫原油二次加工的产品中,往往含有一定数量的非烃化合物和二烯烃等杂质,导致油品性质不稳定、质量差,需进一步精制。我国炼油厂大部分都采用电化学精制方法,即用酸、碱精制与高压电场加速沉降分离。在酸、碱沉降器中设置电场,形成高压直流电场,酸、碱在油品中分散成适当直径的微粒,导电微粒在高压电场的作用下加速运动,强化了酸碱与油品中的不饱和烃和硫、氮等化合物的反应,同时能增强反应产物颗粒间的互相碰撞,促进不饱和酸和硫、氮化合物等杂质的聚集和沉降,达到精制油品的目的。

第二,白土渣。炼制工业生产中,很多产品都需要采用白土精制,而失活的白土就成为废渣,即白土渣。白土渣具有表面多孔的特性,其比表面积可达150%~450%。白土在油品精制过程中会吸附芳烃或其他油品,因此部分白土渣具有可燃性。

第三,页岩渣。低温干馏法提取油母页岩中的油时,95%~97%的页岩

作为废渣排放。这些固体废渣呈灰红色，往往会残留一些有机物和无机物，如不能正确处理，不仅占用大量土地，还会严重污染环境。

第四，废催化剂。废催化剂主要来自催化重整、催化裂化、加氢裂化等步骤。在生产中会对失活的催化剂进行更换，更换下的催化剂即成为废催化剂。另外，催化裂化装置再生烟气经旋风分离装置分离出挟带的催化剂粉粒，也被当作废催化剂处理。

（二）主要典型固体废物的回收和利用

目前部分炼油厂已经采用更加环保的加氢精制代替了汽油、柴油的酸碱精制，不仅降低了废酸、碱液的排放量，而且还提高了油品的质量。还有一些炼油厂在含硫量不高的原油加工中采用乙醇替代碱液精制，减少了废碱液的排放。随着炼制工业的发展，炼制工业固体废物的再利用价值日益受到重视。很多炼油厂都建立了多种废物的回收利用装置，多数固体废物得到了综合利用，如从直馏柴油废碱液中回收环烷酸，从催化汽油废碱中回收粗酚，从废催化剂中回收贵重金属等。污泥焚烧已经成为我国污泥处理的一种主要方式，大部分炼油工业污泥处理厂污泥都焚烧处理。目前，焚烧炉采用的主要炉型为方箱式、固定床式、流化床式、耙式炉、回转窑。例如，燕山石化分公司炼油厂采用流化床焚烧炉焚烧污泥。虽然焚烧处理可以将污泥处理得比较彻底，但对焚烧过程中的能量回收还需进一步提高。石油炼制工业主要典型固体废物的回收和利用如下：

1. 废碱液的回收和利用

废碱液主要来自石油产品的碱洗精制步骤，废碱液的性质与被洗产品有关，目前通常采用硫酸中和法和二氧化碳中和法对废碱液进行回收利用。

（1）硫酸中和法回收废碱液中环烷酸、粗酚。硫酸中和法适用于环烷酸含量高的废碱液，如常压直馏汽油、煤油、柴油精制产生的废碱液。其工艺流程是先将废碱液在脱油罐中加热脱油，然后加入浓度98%的硫酸，维持pH值在3～4，硫酸与碱发生中和反应生成硫酸钠和环烷酸，通过分离，即可得到环烷酸产品。用硫酸中和法处理二次加工的催化汽油、柴油废碱液，即可得到粗酚产品。该方法能否有效发挥作用的关键就是酸化条件的控制。酸不足，环烷酸和粗酚难以析出；酸过量，腐蚀管道，并且产生额外废酸液需要处理。

（2）CO_2中和法回收环烷酸、碳酸钠。为了降低成本和减轻设备腐蚀，很多炼油厂采用CO_2代替硫酸对废碱液进行酸化，回收环烷酸、碳酸钠。工艺流程是废碱液先加热脱油，然后进入炭化塔，通入含有 CO_2 的烟道气中和。中和液经沉淀分离，上层为环烷酸，下层为碳酸钠水溶液。碳酸钠水溶液经过蒸发结晶可得到固体碳酸钠，纯度达 90% ~ 95%。该方法不仅可以中和炼油厂常一、二线废碱液，还可以中和常三线废碱液或常一和常二混合废碱液。但中和后的溶液 pH 值仍较高，环烷酸回收率也较低。

（3）利用废碱液造纸。乙烯生产过程中产生的废碱液可以应用于造纸厂。根据造纸工业中漂白碱法硫酸盐法纸浆的工艺要求，在用 NaOH 配成的蒸煮液中加入 Na_2S，而乙烯生产过程产生的废碱液含有这两种成分，加入适量的水、NaOH，NaOH 即可作为蒸煮液应用于造纸工业。此方法不仅可以消除废碱液的污染，又可以获得不错的经济效益。

2. 废酸液的回收和利用

炼油行业的废酸液主要来自油品精制和烷基化排出的废硫酸催化剂，对废酸液的处理和回用主要集中在硫酸的回用。

（1）热解法回收硫酸。热解法通常就是将废酸液送回硫酸厂回收处理。废酸液被喷入燃烧裂解炉中，废酸分解为 SO_2 和 H_2O，有机物分解为 CO_2。裂解后的气体，经文丘里洗涤器除尘后，冷却至 90℃左右，再通过冷却器和静电酸雾沉降器除去水分和酸雾。之后经过干燥塔干燥，通入接触室，在催化剂作用下转化为 SO_3，然后送入吸收塔即可制成浓硫酸。

（2）废酸液经浓缩后作为其他产品的原料。目前废酸液的浓缩主要采用塔式浓缩法，此方法可以将浓度 70% ~ 80% 的废酸液浓缩到 95% 甚至更高。浓缩以后的废酸可以作为原料再利用，如抚顺石油二厂采用活性炭对其甲乙酮生产过程产生的废酸液吸附脱臭和浓缩处理后，用于硫酸铵生产。

3. 页岩渣的回收和利用

（1）页岩渣用作建筑材料。由于页岩渣的化学成分及含量与黏土极为相近，而且页岩渣属于瘠性材料，具有一定的强度，因此页岩渣可以代替黏土作为建筑材料，还可以制备高轻度的建筑材料。如吉林省建筑材料工业设计研究院用油页岩渣作混合材料，掺加量为 25%，配置高标号水泥；德国波特兰水泥厂，掺加 30% 的油页岩渣，以提高水泥的抗压能力。

（2）制备陶粒。油页岩干馏后，通过适当条件可以使其转化为高山灰活性的偏高岭石，可作为生产高强度混凝土的添加料——陶粒。陶粒目前在我国属于轻质保温的新型建筑材料，因此用油页岩渣生产陶粒将是页岩渣回收利用的重点之一。

（3）其他方面的利用。对于高岭石含量高的页岩渣可以煅烧制备优质高岭土，应用适当的方法还可制备白炭黑及回收硫酸铝。页岩渣也符合废弃矿井填充物料的要求，既处理了页岩渣，也降低了费用。

三、石油化工工业固体废物的回收和利用

（一）石油化工工业固体废物主要类型

石油化工工业也是产生大量固体废物的行业之一，回收和有效利用工业固体废物对于资源节约、环境保护和可持续发展至关重要。石油化工固体废物来源及类型包括：一是废酸液、废碱液。石油化工生产中，有时需要碱来洗涤硫化氢等酸性化合物。废碱液中常含有 Na_2S、Na_2CO_3、含酚钠盐等，且含有部分未反应的碱，因此废碱液为强碱性，颜色呈棕褐色。二是反应废物。石油化工生产中会产生各种反应残渣，主要成分是高聚物、低聚物等有机物，如 TAIC 反应残渣中含三烯丙基异氰脲酸酯等有机物。三是废催化剂。废催化剂大部分都是以 Al_2O_3 作为载体，载有 Pt、Co、Mo、Pd、Ni、Cr 等贵金属。另外，废催化剂上一般都吸附部分有机物。四是污泥。由于石油化工生产中产生的废水含多种溶剂和油，且 COD 值高，所以石油化工废水一般采用沉淀、隔油、浮选、曝气的工艺处理，因此也会产生含油污泥、浮渣、生化活性污泥三种污泥。

（二）主要典型固体废物的回收和利用

石油化工工业中主要典型固体废物的回收和利用如下：

第一，废酸液的回收和利用。废酸液回收方法包括：一是中和和沉淀：废酸液通常含有酸性物质，可以通过与适当的碱性物质中和来中和废酸液。二是酸回收：废酸液中的酸性成分，如硫酸、盐酸等，可以通过蒸发和冷凝过程回收。这种方法将酸性成分浓缩并纯化，以便在工艺中再次使用。三是电解：一些废酸液可以通过电解方法进行处理，将其中的金属离子回收。这对于从废酸液中提取有价值的金属非常有效，如铜、镍和锌。四是反渗透和膜分离：废酸液中的溶解物可以通过反渗透和膜分离技术分离和浓缩。这可以将废酸液中的有用化学物质分离出来，如酸性溶液或有机物。

废酸液的利用方式包括：一是酸性废水中和：废酸液可以用于中和处理

酸性废水，特别是来自其他工业过程的废水。这可以有效减少废酸液的排放，同时将其转化为相对中性的水，降低环境影响。二是金属提取：废酸液中可能含有有价值的金属离子，如铜、镍、锌等。适当的处理过程可以用来提取这些金属，然后用于再生金属产品制造。三是废酸的再生：通过适当的工艺，废酸可以进行再生，以重新用于生产工艺。这要求对废酸进行纯化和中和等处理，确保其符合生产要求。四是电池制造：废酸液中的硫酸通常可以用于制造铅酸电池。这是一种有效的再利用方式，可以降低硫酸的需求。

第二，废碱液的回收和利用。废碱液的回收方法包括：一是中和和沉淀：废碱液通常含有碱性物质，可以通过与适当的酸性物质中和来中和废碱液。这将产生盐和水，将废碱液中的碱性成分中和，使其更容易处置或进一步处理。二是碱回收：废碱液中的碱性成分，如氢氧化钠、氢氧化钾等，可以通过蒸发和结晶过程回收。这种方法将碱性成分浓缩并纯化，以便在工艺中再次使用。三是离子交换：废碱液中的离子可以通过离子交换树脂进行分离和回收，这种方法特别适用于废碱液中的离子含量高的情况，可以将有价值的物质提取出来。四是盐析：废碱液可以通过盐析过程将碱性成分分离出来。这涉及向废碱液中添加适当的盐，导致有价值的物质以固体形式沉淀出来，然后可以分离和收集。

废碱液的利用方式包括：一是废碱液的中和：废碱液可以用于处理酸性废水，将其中和成中性或碱性废水，从而降低废水的酸碱度，减少对环境的不利影响。二是碱废物处理：废碱液可以用来处理含有酸性或有害废物的固体，如用来中和含酸废物，将其转化为较安全的盐。三是废碱液的再生：类似于废酸液，废碱液也可以进行再生，以重新用于生产工艺。这需要对废碱液进行纯化和中和等处理。四是废碱液在清洗和脱脂过程中的应用：一些工业过程需要使用碱性溶液来清洗或去除油脂。废碱液可以在这些过程中用作清洗剂或去脂剂。五是水处理：废碱液中的碱性成分可以用于水处理，如用于饮用水净化或废水处理。

第三，石油化工反应废物的回收和利用。石油化工废物是反应生产中产生的一些无用途的反应残渣，该种废物含有机物较多，大多数可以综合利用。例如，乙烯氧化制乙二醇的过程产生的聚乙二醇可用来作为纸张涂料、黏合剂和化妆品的原料。溶剂再生釜产生的焦油以糖醛聚合物为主，可以作为燃料使用。

第四，废催化剂的回收和利用。石油化工反应所使用的催化剂一般贵重金属含量很高，回收利用价值大。例如，加氢催化剂一般含有钯、钴、钼等，大部分化工企业都会有专门的处理装置回收其中贵重金属。但目前对废催化剂的处理利用主要集中在贵重金属，部分废催化剂没用回收利用，如氧化锌、氟化铝、氟化钙、废分子筛等都是纯化后直接填埋处置。

第五，污水处理厂污泥的处理途径。石油化工污水处理一般采用隔油、浮选、活性污泥法，因此主要的固体废物是隔油池底泥、浮选渣、剩余活性污泥等。这些污泥也会和其他污泥一样首先进行浓缩、脱水以实现污泥减量化，之后进行稳定化处理，污泥的最终处置主要是填埋、焚烧、地耕等。近些年随着研究的深入，污泥堆肥、污泥处理用作建筑材料、污泥制吸附剂等综合利用途径日益受到重视。

四、石油化纤工业固体废物的回收和利用

（一）石油化纤工业固体废物主要类型

化纤一般可分为再生纤维、合成纤维、无机纤维。随着我国石油和化学工业的迅速发展，给化纤工业提供了丰富的原料来源，以石脑油、轻柴油、天然气为原料，通过有机合成制得各类化纤单体及其纤维产品。石油化纤工业产生了大量的固体废物。按固体废物性质分类，主要包括化学废液、废催化剂、聚合单体废块废条废丝、石灰石渣和污泥等。按照生产纤维的类型分类，可分为以下类型：一是涤纶固体废物。涤纶的生产过程中产生的固体废物主要有废催化剂钴、锰残渣，B酯，聚酯残渣，聚酯废块、废丝等。二是锦纶固体废物。锦纶生产过程中产生的固体废物主要有废镍催化剂，二元酸废液，醇酮及己二胺废液，锦纶单体废块、废条、废丝等。三是腈纶固体废物。腈纶生产过程中产生的固体废物主要有废滤布、聚合物干燥粉末、废丝、废条、废块等。四是维纶固体废物。维纶生产过程中产生的固体废物主要是炭黑废渣、过滤机滤渣、废丝等。五是丙纶固体废物。丙纶生产过程中产生的主要固体废物是无规聚丙烯。

（二）主要典型固体废物的回收和利用

按照固体废物资源化的要求，石油化纤工业固体废物的处理和利用，首选综合利用，回收利用其中有用的资源，不能利用的进行焚烧处理，尽量把污染控制在最小限度。对于没有有效处理办法的固体废物，一般填埋处置。

第一，"五纶"废块、废条、废丝的处理利用。涤纶、锦纶、腈纶、维纶、

丙纶的聚合单体废块、废条、废丝属于残次品，均具有较好的再利用价值。经过洗净、干燥、熔融等工艺处理后可以再回用。目前"五纶"废料的回收利用率已经达到 100%。

第二，化学废液的处理利用。石油化纤生产工程中会产生大量的化学废液，一般都可以经过适当工艺处理后综合利用。例如，利用 EI 废液生产 MB 系列浮选剂；一些企业将尼龙 66 废液进行回收和深加工，应用于生产锦纶长丝。

第三，焚烧处理。部分固体废物由于技术限制或者没有回收再利用价值，通常可进行焚烧处理，对于一些具有较高热值的固体废物，可以回收热能或垃圾发电。固体废物处理前需要进行粉碎处理，废液焚烧应浓缩、脱水。

第四，污泥的处理利用。石油化纤工业废水经生化处理后会产生大量的污泥。目前对于污泥的处理主要是浓缩、调理、脱水后焚烧或填埋处置。另外，由于石油化纤工业废水含油量高、有机物成分复杂，污泥热值往往比较高，所以可以制造型煤，也可作为辅助燃料。

第四节　有色金属工业固体废弃物回收和利用

有色金属工业是国民经济重要的基础原材料产业，航空、航天、机械制造、电力、通信、建筑、家电等绝大部分行业都以有色金属材料为生产基础。有色金属产品种类多、应用领域广、产业关联度高，在经济社会发展以及国防科技工业建设等方面发挥着重要作用。有色金属的应用范围随着国民经济建设和科学技术的发展而日益扩大，原生的有色金属已经不能满足人类不断增长的需要，造成严重的资源危机。所以有效地回收和利用有色金属废料（有色金属冶炼、加工和消费过程中所产生的废料和残次品）和废件（报废的机械、设备、仪器、仪表及其他零件等）就显得特别重要。

有色金属行业对生态环境影响很大，重金属污染具有其特殊性，不易降解，其污染不同于有机污染物，具有很强的累积性和隐蔽性，很难在环境中自然地降解，最终大部分的重金属停留在土壤和河流底泥中，当环境变化时，底泥中的重金属形态将发生转化并释放，形成严重的污染源。重金属还可以通过食物链富集，对人体的危害主要是致癌、致疾、致突变，它会与人体中的蛋白质和各种酶发生作用，使它们失去活性，并在人体的某些器官中富集。如果超过人体所能耐受的限度，就会造成人体急性或慢性中毒。因此，有色金属废物的处理和资源化具有重大的意义。

目前，有色金属废料根据来源来分，可以分为以下类型：一是工业部门报废的机器、设备、金属构件及零部件等；二是金属机械加工时产出的废料，如有色金属加工时产生的切屑、丝带、刨花、边角废料和压力加工产生的金属细碎物料；三是交通和国防部门淘汰下来的废旧运输、装载工具和废旧武器、弹丸等有色金属废料，如废旧的汽车和飞机，退役船舶，废旧蓄电池，以及军用的废有色金属物料等；四是日常生活用具、工具制品及其他金属用品的废旧有色金属物料。这些物料包括有色金属冶炼过程中产生的废料，如金属铸锭时产生的溅渣、飞沫、氧化皮和冶炼过程中产生出的含金属的炉渣、烟尘等。

有色金属工业采矿、选矿和冶炼加工过程中排出的固体废物主要包括采矿废石、选矿尾矿、冶炼渣、炉渣、脱硫石膏等。固体废物中含有多种危险元素，如果不经处理排放到环境中，会对土壤和地下水造成污染，危害生态环境。有色金属工业矿石生产过程中废物排放量大，每生产 1t 有色金属需要开采数十吨到上千吨矿石，排放大致相同的废料；冶炼过程繁复，工序多，产生的固体毒性大，种类多，所需能耗也很高。

一、铝工业固体废物的回收与综合利用

（一）铝厂炭渣的回收与综合利用

在铝电解生产过程中，碳阳极中骨料焦和较为活性的黏结焦颗粒存在着显著差别，由于黏结焦自身的收缩和骨料焦颗粒的膨胀，阳极承受着应力，并导致形成大量的孔隙。在氧化过程中，骨料焦颗粒不能顺利地完全氧化，而以"炭渣"的形式转入电解质中。铝电解质溶液中存在的炭渣对铝电解过程会产生一系列不利影响，如造成电解质电压降升高（即增加电解质比电阻）、导致热槽产生（当炭渣在电解质内积累到一定浓度时，电解质将发热而使槽温升高）等。这不但引起电能消耗增加，而且当热槽产生时将恶化铝电解生产的诸多技术经济指标，同时对电解槽的寿命也有一定影响（槽温过高时阴极内衬材料将加速破损）。因此，探讨如何减少和抑制铝电解质溶液中炭渣的产生以及寻找分离炭渣的措施就成为铝电解质生产中不可忽视的研

究课题。

1. 铝电解质中的炭渣形成过程

铝电解质溶液中的炭渣主要来自三个方面：①碳素阳极的不均匀燃烧（选择氧化）而导致炭粒崩落；②电解过程中的二次反应生成游离的固态炭（即 Al 与 CO_2 及 CO 反应导致 C 的还原）；③阴极碳素内衬在铝液和电解质溶液的侵蚀和冲刷下产生炭粒剥落，下面主要讨论炭渣的形成过程。

（1）碳素阳极的不均匀燃烧（选择氧化）。在碳素阳极的物质组成中，骨料焦与黏结焦的化学活性是不一样的，这种差别导致了阳极的选择性氧化。活性大的黏结焦在电解过程中被优先氧化，活性相对较小的骨料焦则不能顺利完全氧化，由于碳素阳极物质的氧化过程不同步，导致消耗较慢的骨料焦颗粒从阳极表面脱落，进入电解质溶液中形成炭渣。在工业铝电解生产中，碳素阳极的选择氧化造成骨料焦炭粒脱落是铝电解质溶液中产生炭渣的主要原因。预焙阳极的均质性较为理想，在电解过程中选择氧化现象不十分严重，炭粒脱落较少。而自焙阳极（无论是上插还是侧插）由于均质性较差，选择氧化较为明显，炭粒脱落也较多，因而铝电解质溶液中往往也出现较多的炭渣。

（2）二次反应生成游离的固态炭。铝电解过程中的二次反应不仅降低电流效率，而且还带来另一方面的不利影响，即溶解在电解质溶液中的铝将阳极气体中的 CO 和 CO_2 还原成 C，在电解质溶液中形成细微的游离态炭渣。造成和 O_2 还原的二次反应有两种：第一种反应为在铝电解质溶液中溶解的 Al 与 CO_2 反应生成 CO，而 CO 又与 Al 反应生成 C；第二种反应是溶解在电解质溶液中的 Al 直接将 CO_2 还原成 C。

（3）阴极碳素内衬的冲蚀剥落。阴极碳素内衬的冲蚀剥落在铝电解过程中，阴极碳素内衬的剥落和碎裂是铝电解质溶液中产生炭渣的又一来源。铝电解槽启动后，由于钠的渗透，以及电解质溶液和铝液的侵蚀和冲刷，阴极碳素内衬不久就会产生剥落。对于由无定型碳制造的阴极炭块而言，这种现象是常见的。钠渗入阴极炭块是引起剥落的首要原因，钠的渗入使炭块内部产生应力，导致炭块体积膨胀并变得疏松多孔，从而形成进行性剥落。电解质溶液和铝液对阴极炭块的渗透是综合性的。单纯的电解质溶液和单纯的铝液对炭块的渗透均不明显，但当电解质溶液内溶解了铝后，则对炭块的渗透非常明显。除铝液的作用外，电解质溶液渗透量还与电流密度、电解质分子比以及电毛细现象（电毛细现象导致电解质溶液对炭块湿润良好）等有关。当电流密度大、分子比高、电毛细作用明显时，电解质溶液对炭块的渗透量增大。

2. 铝电解质溶液中炭渣分布状态

炭渣在铝电解质溶液中的分布状态与电解质成分、电解质温度、电解质中 Al_2O_3 浓度以及铝在电解质中的溶解量等因素有关，下面分别探讨炭渣的不同分布状态。

（1）漂浮状态。当炭渣不能良好地被电解质溶液所湿润时，大部分炭渣易于和电解质溶液分离而漂浮在电解质表面上。从电解槽内取出的电解质试样待其凝固后，可发现其断面呈白色，无明显的炭渣夹杂现象。当炭渣在电解质溶液中呈这种分布状态时，通常表明电解槽工作正常。此外，当阳极效应发生时，绝大多数炭渣会从电解质溶液中分离出来浮于表面，其原因是电解质中 Al_2O_3 浓度低，电解质溶液对炭渣湿润不良，从而促使炭渣大量分离出来。

（2）悬浮状态。如果电解质溶液对炭渣湿润良好，则炭渣与电解质溶液不易分离而悬浮于电解质中，电解质溶液试样凝固后，其断面呈灰色或灰白色（这是由于其中含有大量均匀分布的炭渣）。炭渣在电解质溶液中呈悬浮分布状态导致电解质大量"含碳"，对铝电解槽的正常工作造成非常不利的影响，是引起电解质过热（即产生"热槽"）原因之一。

（3）与铝反应生成碳化铝。当碳素悬浮于电解质溶液之中时，将与溶解在电解质溶液内的铝反应生成碳化铝，即 $2Al+3C=Al_2C_3$。生成的碳化铝会全部混合在电解质溶液中，使电解槽的工作状况恶化。从槽内取出的电解质溶液试样凝固后，其断面呈黑色，并夹杂着黄色的碳化铝。当电解质内大量生成碳化铝时，电解槽工作电压随之迅速升高，电解质溶液和铝液均处于过热状态，最终将导致电解槽的工作完全停止（即电解反应停止进行）。铝电解质溶液中生成碳化铝是由"电解质含碳"即炭渣悬浮于电解质内演变而成的，这种状态并不经常发生，在生产中较为少见（只是偶尔出现）。减少铝电解质溶液中的悬浮态炭渣的生成量并减少铝在电解质溶液中的溶解量，即可有效地抑制或避免碳化铝的生成。

3. 减少及分离炭渣的有效途径

目前，工业铝电解槽在结构上仍是采用碳素材料作为正、负电极，因而铝电解质溶液中炭渣的产生实际上是不可避免的。除非采用新型的电极材料（即消除产生炭渣的根源），否则无法彻底解决炭渣这一问题。在目前铝电解工业技术条件下（即电解槽采用碳素材料作为正、负电极的客观条件下）减少及分离铝电解质溶液中炭渣的具体途径有以下方面：

（1）采用高质量的阳极碳素材料。碳素阳极的不均匀燃烧而引起的炭粒崩落是产生炭渣的主要原因。在生产中使用质量不合格的阳极碳素材料则无疑为阳极的不均匀燃烧提供了更充分的条件，因此采用高质量的阳极碳素材料是减少铝电解质溶液中炭渣的至关重要的措施（无论是自焙阳极还是预焙阳极均是如此）。

对自焙槽使用的阳极糊和预焙槽使用的阳极炭块的质量要求有所不同，但共同的要求是：导电率高（即比电阻低）、抗压强度高、化学纯度高（即杂质含量少、灰分低）、孔隙度低、在电解温度下抗空气氧化性能好等。防止使用不符合质量规定标准的阳极碳素材料即可有效地减少炭粒的崩落。对电解铝厂而言，在使用前对碳素材料进行严格的质量检测是保证阳极质量的极为重要的手段。

选用优质的阴极炭块在铝电解质溶液与铝液的侵蚀和冲刷下，阴极侧部炭块和底部炭块产生剥落是炭渣的另一来源（虽然不是主要来源）。与阳极碳素材料一样，阴极炭块的质量优劣对炭块的剥落程度有重要影响，在砌筑电解槽阴极时采用优质阴极侧部炭块和底部碳块能较有效地承受和抵抗铝电解质溶液和铝液的侵蚀与冲刷，从而减少炭块的剥落。

质量不合格的阴极炭块在钠的渗透下将迅速膨胀而变得疏松多孔，并在电解质溶液和铝液的进一步侵蚀和冲刷下产生进行性剥落和破损。这不但造成铝电解液中炭渣含量增加，更为严重的是将导致阴极寿命大大缩短。由此可见，采用优质阴极炭块对保障铝电解槽的正常工作具有重大意义。

（2）降低铝在电解质溶液中的溶解度。铝在电解质中的溶解度的大小对炭渣能否顺利地从电解质溶液中分离出来有着极为重要的影响，这是因为铝的溶解数量是决定炭渣在电解质溶液中行为的主要因素。铝在电解质溶液中的溶解度与诸多技术条件有关，如铝电解温度、冰晶石分子比、极距、电解质添加剂、槽腔内形规整程度等均对铝的溶解度有不同程度的影响。因此，在铝电解生产中必须适当摆布技术条件，尽量降低铝在电解质溶液中的溶解度，为炭渣从电解质溶液中分离出来创造有利条件。

铝在电解质溶液中的溶解度之所以对炭渣的分离有如此重要的影响，其原因是当电解质溶液中含有溶解着的铝时，将增强电解质对炭渣的湿润性（其机制是：铝与炭粒发生反应先在炭粒表面生成碳化铝外层，并且这种反应从炭粒表面向其中央呈进行性发展趋势。同时，炭粒表面还由于钠的侵入而变得疏松。炭粒表面发生的这些反应和变化导致电解质溶液对炭粒的湿润性变得良好）。铝在电解质溶液中的溶解度越大，则电解质对炭渣的湿润性越良好。因此，降低铝的溶解度对炭渣从电解质溶液中分离出来具有重大意义。

由于铝电解槽的正、负电极均由碳素材料所组成，因此在铝电解质溶液中炭渣的产生是无法避免的，甚至由优质碳素材料组成的阳极和阴极也不能完全避免炭粒脱落。分离炭渣的主要措施是在生产中严格控制并优化铝电解技术条件；尽量降低铝在电解质溶液中的溶解度，以便减小电解质对炭渣的湿润性，促使并加快炭渣的分离。在生产中保持适当的阳极效应系数，利用阳极效应分离和捞出炭渣，对于减少铝电解质溶液中的炭渣含量是一条行之有效的重要措施。

（二）铝电解槽修槽废渣的综合利用

铝电解槽修槽废渣中有价成分含量丰富，如果只对它进行简单的预处理后就废弃堆置，不仅污染环境，也是对资源的一种浪费。因此，如何更好地处理与回收铝废渣中的有价成分已经成为国际铝工业普遍关注的课题之一。

第一，蒸汽处理法。将挑选出耐火砖、保温材料的废炭块粉碎成炭粒，送进已经通入 8×10^5Pa 压力蒸汽的回转窑中，加热至200℃，除去炭粒中的碳化物和氮化物，氟、钠及其他化合物留在致密的炭粒内。这种工业化炭粒可以用于电极糊和阳极块的制作，很有经济价值，在国外已有小规模的工业化生产。

第二，热解法。将修槽废渣中的内衬炭块破碎后，与铝厂收尘系统收得的自焙槽烟灰混合，在1200℃的通有空气和蒸汽的反应器内燃烧，释放的氯化氢和电收尘的烟气混合，经氨洗塔净化，得到氯化氢溶液，在80℃与氧化铝反应后，可生产出含18%AlF_3的氧化铝，供电解槽加料用。

第三，作脱硫剂。结合烧结法生产氧化铝生料加煤排硫的工艺条件，可以采用废炭块代替部分无烟煤作为脱硫剂，同时也可以回收其中的氧化铝和碱等成分。具体的流程为：将耐火砖、保温材料及杂物分离出来后破碎成粒径小于50mm的炭颗粒，然后将其送至碎铝矿石或无烟煤的贮槽中，进入氧化铝原料系统使用。废炭块、无烟煤、铝矿石、石灰和碱等原料，在磨成生浆料时，氰化物和石灰反应生成氰化钙和氢氧化钠。在熟料组分烧结的过程中，碳组分燃烧可以利用其热值和脱硫作用；氰化钙将会生成难溶解性硅氟酸钙，在熟料溶出时，随着赤泥排出。微量的氰化物也会在燃烧时由于高温裂解成无害气体，整个处理过程中无二次污染，具有明显的经济效益和环境效益。

第四，其他。电解槽修槽废渣的处理和利用，尤其是实现工业化规模的应用技术开发，仍然需要继续努力寻求新的处理利用方法和途径。例如，用废渣氟化钠浸出液合成冰晶石、用废炭块石墨配制炼钢保温渣和用废渣作水泥生产的燃料和矿化剂等方面的研究。

二、铜冶金固体废物的回收与综合利用

冶金行业的铜渣主要来自火法炼铜的过程，包括采矿过程中废石、冶炼过程中的废渣和尾矿渣。其他的铜渣则是炼锌、炼铅过程中的副产物。铜渣含有铜、锌等重金属和金、银等贵金属。我国的粗铜年产量巨大，这些固体废物大量堆积，不仅侵占了土地、污染了环境，而且这些废渣含有的大量的有用物质没有被充分利用。目前，铜渣的利用方法很多，利用率也较高，主要包括提取有价金属、生产化工产品和建筑材料等。

（一）含铜废渣中铜的回收

含铜废渣中铜的回收通常涉及物理和化学处理步骤，以分离和提取废渣中的铜。一是废渣样品分析：先对含铜废渣样品进行分析，确定铜的含量和废渣中可能存在的其他有害物质。这将有助于制定适当的回收计划。二是破碎和磨碎：将废渣破碎成小颗粒，以增加表面积，有助于后续的处理步骤。三是浸出：最常见的铜回收方法之一是浸出，废渣通常通过浸酸（硫酸或盐酸）或浸碱（氢氧化钠或氨水）溶解铜，这将形成铜的溶液。四是溶液处理：将铜的溶液经过净化步骤，以去除杂质，主要包括：①沉淀：通过加入适当的化学剂，将杂质沉淀出来，然后过滤以分离。②溶剂萃取：使用有机溶剂，如混合有机酸或磷酸，将铜从溶液中分离出来。这是一种高效的铜提取方法。③电解：通过电解，将铜从溶液中沉积到电极上，然后将其收集和精炼。五是铜的精炼：提取的铜需要经过精炼过程，以获得高纯度的铜。这可以通过电解、火法精炼或其他冶金方法来实现。六是资源最大化利用：尝试最大程度地回收废渣中的铜以减少资源浪费。

总而言之，铜的回收是一项复杂的工程，需要专业知识和设备。因此，最好由专业的冶金工程师和环保专家来制定和执行废渣处理和铜回收计划，以确保安全、高效和环保的回收过程。

（二）对铜尾矿的综合利用

铜尾矿是指以采掘铜为主要目标的矿山，在特定的经济技术条件下，将矿石磨细而选取有用成分后从选矿厂排放的废弃物，也就是经选别出精矿后的固体废物。其实尾矿是一个相对概念，并不是绝对的废弃物。可将它视为一种"符合"碳酸盐、硅酸盐等矿物材料，其中仍然含有大量的有用成分。

我国的铜矿山主要分布在江西、安徽、湖北及云南等地，随着矿产资源的大量开发，尾矿在逐年增加。一般而言，当铜价超出 35000 元／吨时，部分铜矿尾矿则具有回收再选的经济价值。当尾矿脱离选矿厂之后，无论是排入尾矿库还是直接排入江河，都会对周边生态环境产生直接或间接的影响。目前，尾矿对周边生态环境的影响主要表现为占用农田和林地、造成土壤和水体污染、破坏库区植被及威胁库区下游人民的生命财产等方面。

在矿石日渐贫化、资源日渐稀缺的情况下，开展尾矿资源调查评价已成为资源供需矛盾发展的必然产物，它不仅顺应了资源开源的必然要求，而且对提高矿山企业经济效益、夯实产业资源基础及促进资源环境协调发展等方面均具有重要的现实意义。目前有色金属尾矿的综合利用途径可大致分为回收利用有价金属或矿物成分和整体利用两种。整体利用主要指的是利用尾矿直接作建筑材料、制取井下充填料或土地复垦等。

1. 铜尾矿可作建筑材料

目前铜尾矿最主要的利用方式仍然是在建筑工程和基础工程。

（1）铜尾矿直接运用于交通、土木工程。铜尾矿可直接代替沙和水泥粗骨料等基本的建筑材料。对化学成分要求不严格，只需要有一定的强度和颗粒级配。因此级配合适的尾矿可以部分甚至完全替代骨料。

（2）铜尾矿用作水泥矿化剂。铜尾矿含有铁、铜等有益元素，可以作为水泥复合矿化剂。将铜尾矿单掺或者混合掺入水泥生料中，可以降低水泥熟料烧成时所需的温度。这样既可以改善水泥熟料的性能，又能降低能耗。

（3）铜尾矿用于装饰材料。尾矿可以生产玻化砖、微晶玻璃花岗岩和微晶玻璃等高端装饰材料。玻化砖采用高硅尾矿作为原材料，加入适量黏土，经喷雾—干燥—压制成型—高温烧成。微晶玻璃以石英为主，可掺入尾矿

15%～25%，加入碎玻璃，经熔化—水淬—升温结晶后为玻璃相和结晶相的复合多相陶瓷。

（4）铜尾矿用作墙体材料。我国墙体材料主要以黏土烧结砖为主，但生产黏土烧结砖大量占用农田。各矿山都将研制新型墙体材料作为尾矿利用的主要方面，这样不仅可以节约耕地，还可以充分利用尾矿，具有明显的经济效益和环境效益。目前主要研究烧结砖、蒸养砖和蒸汽混凝土等。

2. 用铜尾矿回填与复垦

填充采矿区是直接利用尾矿的有效途径之一。只要处理得当，尾矿是一种很好的填充材料。因其具有来源丰富、就地取材、输送方便等特点，将尾矿作为矿井充填料，费用仅为碎石的 1/10 至 1/4，并可以省去扩建和增加尾矿库的费用。由于地形原因，有些矿山部可能设置尾矿库，把尾矿填于空采区就更有意义。铜尾矿可作土壤改良剂和微量元素肥料，尾矿中含有铜、锌、锰、铁等微量元素，这些元素是植物生长和发育的必需元素。因而可以采用尾矿生产肥料来改良土壤，提高土壤内的有益金属含量，增强农作物抗病虫害侵蚀的能力。但是有毒的废渣一般不能用于农业生产，如果有可靠的去毒方法，又具有较大的利用价值，可以经过严格去毒后再进行综合利用。

三、铅锌冶金固体废物的回收与综合利用

（一）铅碎尾矿可作水泥矿化剂

我国铅锌矿和冶炼厂分布较广，废渣排放量也很大，需要占用大量的土地作为堆放的场地。堆放过程中，有害的溶出物还会污染水源。铅锌尾矿的矿物组成较为复杂，由多种矿物复合而成。铅锌尾矿中的金属组成含量较少，主要含有脉石矿物等，如石英、白云石和方解石。由于铅锌矿选矿工艺的特点，铅锌尾矿具有数量大、成本低、粒度小和可利用价值高等特点。铅锌尾矿中的有价金属含量较低，一般而言，在选冶工艺中较难回收，但某些新型的提取方法对有些有价金属仍具有较高的提取率。

铅锌尾矿中的 SiO_2、Al_2O_3 和 Fe_2O_3 与黏土中的相应矿物含量相近，均可以作为水泥成产原料进行水泥生产。同时尾矿中含有多种微量元素，可作为矿化剂调节熟料矿物组成，优化水泥性能。并且尾矿的熔点与黏土相比要低，在煅烧的过程中，可以降低液相共熔温度，使水泥生产过程中的能耗降低。

铅锌尾矿地掺入，能降低熟料的烧成温度，促进形成熟料矿物，具体作

用机制如下：

第一，在煅烧过程中，铅锌尾矿中的硫、铁等物质转化为新生态的 Fe_2O_3，其活性比铁质原料中的 Fe_2O_3 的活性更强。Fe_2O_3 在熟料中为溶剂矿物，液相铁有利于降低熟料的烧成温度。

第二，当煅烧温度为 900 ~ 1000℃时，铅锌尾矿中的 Pb^{2+} 和 Zn^{2+} 与熟料中的 Fe_2O_3、MgO 和 Al_2O_3 等溶剂矿物反应生成中间体形式的含 Pb 和 Zn 矿物，使液相出现提前。

第三，当温度上升到 1100℃时，含 Pb 和 Zn 矿物呈熔融状态，在较低温度下开始分解，改善了易烧性，促进形成熟料矿物。

第四，熟料中的微量元素一部分进入到铁相中，增加了熟料的液相量，从而降低了液相黏度，加快 C_2S 吸收 CaO 的速率，促进 C_3S 的形成（另一部分微量元素进入到硅酸盐相，置换出 C_3S 中的 Ca^{2+}，与 C_2S 反应生成 C_3S，增加了熟料中的 A 矿量，提高了 C_3S 的活性）。铅锌尾矿中引入的微量元素使 A 矿的稳定性更好，从而使得熟料在冷却过程中不易被分解。

铅锌尾矿具有较高的地质潜能。当采用铅锌尾矿为原料生产水泥熟料时，尾矿中的 SiO_2 被活化，而且尾矿中的微量元素和具有矿化作用的矿物被激活，从而释放出铅锌的地质潜能，达到降低熟料的烧成温度的效果，节约了水泥的成本。

（二）铅锌矿的综合利用方式

我国铅锌矿资源中具有 50 种左右的共伴生组分，银在铅锌矿种的共伴生储量占全国银矿总储量的 60%。因此，经开采后的铅锌尾矿具有很好的回收利用价值。铅锌尾矿主要成分介于粉煤灰与沙子之间，可视为合格的硅质材料，可以综合利用于建筑材料。目前，大多数铅锌矿山实行尾矿综合利用生产各种建筑材料，对铅锌尾矿综合利用方式主要包括以下方面：

第一，回收有价组分。因早期的铅锌选矿行业的选矿技术的不足，以至于铅锌未被选取彻底，仍在铅锌尾矿中含量较高，以现在先进技术完全达到重选的含量要求，从而进一步达到资源的合理充分利用。铅锌矿的形成伴随较多其他矿物的形成，如萤石、绢云母、重晶石等矿物，都是可再选矿物。铅锌尾矿中回收铅、锌、银、萤石、重晶石等有价成分，取得较大成绩。在我国，从铅锌尾矿中回收的银产量可占全国银产量的 70% ~ 80%。

第二，配制生产水泥。目前铅锌尾矿的主要利用成果是用铅锌尾矿配制生产水泥，水泥是建材使用最为广泛的材料，用量大。铅锌尾矿配制生产水泥是一种尾矿消纳量最大的途径。铅锌尾矿主要作为矿化剂运用到其中，替代水泥生产中所用的矿化剂。对于铅锌尾矿，当尾矿中 CaO 含量较高，而 MgO 含量又较低时，则可用作水泥的原料，具体要求为：当尾矿的矿物成分主要是由石英、方解石组成，钙硅比 $CaO/SiO_2 > 0.5$，其中 $CaO > 18\%$、$Al_2O_3 > 5\%$、$MgO < 3\%$、$S < 3\%$ 时可烧制低标水泥，当 CaO 含量 $< 18\%$，而 $CaO/SiO_2 < 0.5$ 时，可采用外配石灰或加石灰石的方案，以调节生料中 CaO 含量，从而满足上述技术要求；尾矿中 Fe_2O_3 是水泥的有益成分，适量的 Fe_2O_3 能降低熟料的烧制温度，而 MgO、TiO_2、K_2O、Na_2O 等化学成分则是水泥原料中的有害成分，其含量应控制在 $MgO < 3\%$，$TiO_2 < 3\%$，$K_2O + Na_2O < 4\%$，$S < 1\%$。

第三，加气混凝土。部分铅锌尾矿可以作为一种含硅较高的硅质材料，可替代粉煤灰和沙子。例如，可以采用高硅质铅锌尾矿代替河沙制备加气混凝土；可以利用工业脱硫高硅质铅锌尾矿生产加气混凝土，该加气混凝土的强度、抗冻性、稳定性等指标都达到国家标准，不具天然放射性核素。利用铅锌尾矿生产加气混凝土，解决了铅锌尾矿堆放污染及危险问题，同时也降低了加气混凝土的生产成本。

第四，井下填充和造地复田。可将没有利用价值或暂时无法回收利用的尾矿、废石用于井下填充，有效减少尾矿和废石对土地的占有量，降低暴露在土地表面的尾矿对环境的危害。铅锌矿的开采，使得部分山体和地下形成空洞，利用尾矿和废石用于井下充填能够防止采空区塌陷，减少地质灾害的发生。对尾矿表面复土造田，不仅可以解决尾矿暴露在外对环境的危害，还可以减少尾矿库对土地的占用。利用植物改善土壤性质，金属被这些植物累积地吸收，主要分布在根组织，只有少量转移到地面的组织，从而达到改善土壤的性质；利用磷与铅相互发生化学反应生成不溶物质，控制土壤中铅的有效性，从而达到修复土壤中铅污染问题。

第八章　工业固体废物的资源化技术

第一节　工业固体废物综合利用的主要措施

工业废物经过适当的工艺处理，可成为工业原料或能源，较废水、废气更容易实现资源化。多年来，我国研究和开发了工业废渣耗用量大的水泥、墙体材料、筑路、填方、农用等方面的技术。目前，我国工业固体废物的综合利用主要在建材工业和矿渣资源化的应用。由于如今固体废物产量与种类的急剧增加，必须采取有效措施将保护生态环境、节约资源和能源结合起来，实现固体废物在各个领域的利用，具体如下：第一，回收各种有用物质再生利用。例如，纸张、金属、玻璃、塑料等的再生利用技术已日趋成熟。第二，提取废物中的有价值组分。例如，在重金属冶炼渣中提取金属，从粉煤灰中提取玻璃微珠，从煤矸石中回收硫铁矿等。第三，生产建筑材料，这仍是使大量工业固体废物资源化的主要方法之一。当前，能够生产建筑材料的固体废物已不只是高炉渣、粉煤灰、煤矸石等，废旧塑料、污泥、尾矿、建筑垃圾、城市垃圾焚烧灰等也可以生产建筑材料，其产品种类也大大增加，如轻质骨料、隔热保温材料、装饰板材、防水卷材及涂料、建筑绝热板、生化纤维板、再生混凝土等。第四，生产农肥。例如，粉煤灰、高炉渣、钢渣和铁合金渣等作为硅钙肥直接施于农田，含磷较高的钢渣作为生产钙、镁、磷肥的原料，可降解的有机固体废物生产堆肥等。第五，回收能源。如利用煤矸石发展坑口电站，通过分选粉煤灰回收其中的炭，通过焚烧热值高的废物供热、发电，对污泥或其他有机废物通过厌氧发酵制取沼气等。第六，取代某种工业原料。比如以粉煤灰、煤矸石、赤泥等为原料生产高分子无机混凝剂，用铬渣代替石灰石作炼铁熔剂，以建筑垃圾代替天然骨料配制再生混凝土等。下面具体阐述工业固体废物综合利用的主要措施。

一、应用于建筑工程

建筑材料是经济建设和民生基础设施等方面应用最广、消耗最大的材料。许多工业固体废物本身组成与建筑材料的生产原材料类似，可以直接利用或转变成可用的建筑材料。用固体废物制建筑材料，不仅减少了固体废物堆存量，对建材工业的可持续发展具有深刻意义。近年来，我国越来越重视利用工业固体废物生产方面的投入。

（一）用于生产水泥

我国是世界上第一水泥生产大国，所以利用生产水泥消纳废物的潜力很大。水泥生产利用的废物主要是高炉渣、粉煤灰以及副产品石膏等。但参照国际上的研究与实践，污泥也可以生产水泥。经过一系列的物化反应作用，能将其中的沙、石、砖或块状材料黏结成一定强度的整体材料。

1. 钢渣（矿渣）转变成水泥

钢渣水泥不可比拟的优点在于钢渣经合适的急冷工业处理后，可使其中硅酸盐矿物以玻璃态或微晶态的形式保持高度活性。急冷后的钢渣在粉碎过程中，可根据金属所固有的延展性、金属氧化物和硅酸盐矿物易磨性的差异，将其中 6% ~ 14% 的铁选出，而钢渣中硅酸三钙为主的硅酸盐进一步细磨后可作为水泥熟料粉使用。水淬高炉矿渣可经细磨后制成表面积为 500 ~ 800kg/m² 的超细粉，成为一种具有很高潜在活性的玻璃态胶凝材料。

2. 污泥制备"生态水泥"

近年来，利用污泥为原料生产水泥获得成功，用这种原料生产的水泥叫作"生态水泥"。利用污泥生产水泥，原料有三种：一是脱水污泥；二是干燥污泥；三是污泥焚烧灰。以上方式的共性是污泥所含无机组分必须符合生产水泥的要求，表 8-1 列出了焚烧灰和黏土化学组成的比较。由表 8-1 可知，一般情况下，污泥中灰分的成分与黏土成分接近，污泥可以替代黏土作为水泥原料。例如，上海水泥厂的生产工艺是：污泥→封闭式汽车运输→堆放→淘泥机→调制生料→泥浆库→生料磨→料浆库→搅拌池→水泥窑焚烧。

表 8-1 焚烧灰和黏土化学组成比较 /%

主要化学成分	黏土	焚烧灰
SiO_2	56.8 ~ 88.7	39.7 ~ 58.0
Al_2O_3	4.0 ~ 20.6	15.0 ~ 19.6
Fe_2O	2.0 ~ 6.6	4.8 ~ 6.9
CaO	0.3 ~ 3.1	7.5 ~ 10.6
MgO	0.1 ~ 0.6	1.1 ~ 2.3
Na_2O	—	0.93
K_2O	—	1.6
P_2O_5	—	4.0
灼热减量	—	0.73 ~ 1.6

需要注意的是，利用污泥作原料生产水泥，解决了污泥的贮存、生料的调配及恶臭的防治问题的同时，还能节约资源，创造效益。

（二）用于墙体材料

墙体材料是用来砌筑、拼装或其他方法构造承重墙、非承重墙的材料。如砖、石、砌块以及混凝土等。在一般住宅房屋类建筑中，墙体是建筑的骨架与支撑，墙体材料是重要的建筑材料。

1. 制作普通砖

根据原料和工艺的不同，普通砖分为烧结砖和蒸压砖两大类。

（1）烧结砖。经焙烧而成的砖称为烧结砖。以黏土、页岩、煤矸石或粉煤灰为主要材料，经焙烧而成的普通实心砖，主要工艺包括配料调制、制坯、干燥焙烧。近年来，我国普遍采用内燃烧砖法，它是将煤渣、粉煤灰等可燃工业废渣以适量的比例混入制坯黏土原料制作内燃料，当砖焙烧到一定温度时，内燃料在坯体内也进行燃烧，这样烧成的砖称为内燃砖。内燃砖相比外燃砖，可以节省大量燃料，黏土的使用量可以减少 5% ~ 10%，而且砖的强度可以提高 20% 左右，密度稍小，热导率降低，不仅可以节约资源，同时还处理了大量的工业废渣。

（2）蒸压砖。制作蒸压砖技术是以粉煤灰、尾矿、炉渣以及建筑垃圾等固体废物为主要原料，添加生石灰、石膏以及骨料等生产新型墙材的节能环保技术，该项技术适用于不同的原材料体系及不同的工艺配方，生产不同类型的产品，如粉煤灰蒸压砖、灰沙蒸压砖等，通过更换模具还可生产不同规格的、不同空心率的各种新型墙体砖。工艺流程如图 8-1 所示。

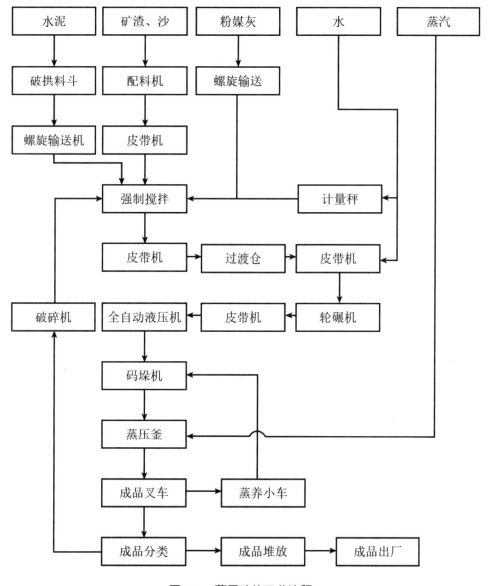

图 8-1　蒸压砖的工艺流程

2. 制作建筑砌块

用混凝土为主要原料生产块状墙体材料，砌块一般为六面体，是一种新型墙体材料，生产工艺简单，可充分利用地方资源和工业废渣，砌筑方便、灵活，应用广泛。常用砌块包括硅酸盐砌块、轻骨料混凝土砌块、加气混凝土砌块、混凝土砌块等。下面阐述固体废物资源化的建筑砌块。

（1）粉煤灰硅酸盐砌块。一般以粉煤灰、石灰、石膏和骨料等为原料，是一种表观密度较大的砌筑材料，适用于住宅和一般工业建筑的墙体。

（2）蒸压加气混凝土砌块。以钙质材料和硅质材料（如水泥、粉煤灰、石灰、石膏等）为基本原料，经过磨细，并以铝粉为发气剂，按一定比例配合，经浇注、成型、切割等工艺制成砌块。蒸压加气混凝土砌块主要用于住宅和一般工业建筑的墙体。在缺乏安全可靠的防护措施时，不得用于建筑物基础和有侵蚀作用的环境。

（3）中型空心砌块。用煤矸石生产空心砌块。煤矸石空心砌块是以煤矸石无熟料水泥作为胶结料、自然煤矸石作为粗细骨料，加水搅拌配制成半干硬性混凝土，经振动成型，再经蒸汽养护而成的一种新型墙体材料。其规格可根据各地建筑特点选用。生产煤矸石空心砌块是处理利用煤矸石的一条重要途径，具有耗量大、经济、实用等优点，可以大量减少煤矸石的占地。中型空心砌块的表观密度较小，强度较高、后期强度增长快，抗冻性好，适用于住宅和一般工业建筑，尤其是外部墙体。

（4）混凝土小型空心砌块。以水泥为胶凝材料，沙、碎石、煤矸石、炉渣等为原料，经搅拌、振动、成型等流程制成，适用于地震设计烈度为8°或8°以下的地区的一般住宅和工业建筑物的墙体。

（三）用于玻璃生产

玻璃是一种由熔融物过冷后得到的无定型非结晶体的均质同向的固体材料。由于其较好的机械性能和化学稳定性，在建筑领域应用广泛。玻璃的主要化学成分是 SiO_2、Al_2O_3、CaO、MgO、Na_2O、K_2O，其中约70%为硅质材料，富含 SiO_2 的钢渣、铬渣、铁尾矿等矿渣均可用来制备玻璃，在其制备过程中还可以同时消耗大量的粉煤灰、民用垃圾焚烧底灰、废玻璃等其他工业或民用废弃物。因此，玻璃已经成为各种矿渣处理的一种重要形式，其板材产品已经在建筑领域得到了应用。目前，工业生产玻璃的工艺流程大致包括：配料调制，高温熔制，成型退火和加工。

根据玻璃成分和所用原料的化学成分进行分析计算，确定各种原料的配合比例，然后混匀，于1600℃左右的高温下熔制。熔制是玻璃生产中很重要的环节，关乎玻璃的产量与质量。工业固体废物制备玻璃的关键技术是成分设计、基础玻璃熔窑设计、熔料控制技术、结晶控制技术、一次结晶连续生产技术、尾矿玻璃制品大规模生产成套装备技术、离心铸造法生产玻璃管材成型自动控制技术等。

目前工业领域所用的管径较细耐磨输送管道，通常采用合金材料或高分子材料，由于其耐磨性较差，需要频繁更换管道，不利于提高劳动生产率、降低生产成本。采用微晶玻璃管材代替耐磨合金管，管道成本可降低50%，使用寿命可提高3～4倍。因此以微晶玻璃代替合金钢、铸石和陶瓷内衬管道的应用是一种发展趋势，具有推广意义。

微晶玻璃像陶瓷相同，由晶体组成，也就是，它的原子排列是有规律的，所以，微晶玻璃比陶瓷的亮度高，比一般玻璃韧性强。它类似人造大理石，外观、强度、耐热性均比熔融材料优良，产品附加值较高，可作为建筑内外装饰材料应用。微晶玻璃可用矿石、工业尾矿、冶金矿渣、粉煤灰、煤矸石等作为主要生产原料。生产工艺原理为：高温条件下熔融，生成熔体，然后控制物理、化学条件的变化制成不同硅酸盐材料的过程。在生产的熔融工艺体系中，熔融重结晶起主要作用（原料组分在高温下熔融，生成熔体，通过控制温度、压力的变化，制成高纯晶质材料的过程），其实质是使玻璃态制品转变为晶态制品，在一定温度条件下生成大量晶核。

污泥可以用来制备微晶玻璃，以污泥焚烧灰、沉沙池的沉沙和废混凝土为原料，配比以 SiO_2、Al_2O_3 和 CaO 的比例符合生成钙长石和 β - 硅灰石要求为准。原料调整后熔融温度控制在 1400～1500℃。熔融物需要放置一定时间，以脱泡和均质，然后成型。随着温度的降低生成晶核（FeS），再加热处理，促使晶体生长。热处理后自然冷却，得到各种形状微晶玻璃。微晶玻璃制备技术工艺流程如图8-2所示。

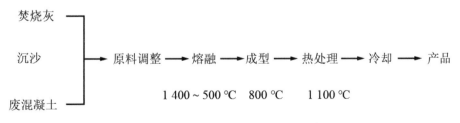

图8-2　微晶玻璃制备技术工艺流程

（四）用于铸石生产

铸石是一种硅酸盐结晶材料，利用天然原料或工业废渣经原料配算、熔融、浇注、结晶和淬火等工序制成。具有较好的耐磨性，比锰钢高 5 ～ 10 倍，耐腐蚀性比不锈钢、铝和橡胶高很多，对于氢氟酸和过热磷酸以外的酸碱，具有绝佳的耐腐蚀性；同时，铸石的绝缘性能和机械性能也不逊色。综合以上特点，铸石是钢铁、有色金属、合金材料以及橡胶等的理想代用材料，广泛应用于生产设备中作为耐磨材料和抗腐蚀材料使用。

铸石的主要成分为 SiO_2、Al_2O_3、CaO、MgO、Fe_2O_3+FeO、Na_2O+K_2O、Cr_2O_3，其含量分别为 47% ～ 49%、15% ～ 21%、8% ～ 11%、6% ～ 8%、14% ～ 17%、2% ～ 4%、1%。在生产中，应尽量采用化学组分类似铸石的原料，如玄武岩、辉绿岩以及角闪石等，以减少辅助原料的添加。尾矿、粉煤灰、冶金渣等工业废渣包含辉绿岩、玄武岩（成分见表 8-2）等天然原料，可以用来制备铸石。铸石生产的工艺流程如图 8-3 所示。

表 8-2 铸石原料的组成成分（%）

主要原料	SiO_2	Al_2O_3	CaO	MgO	Fe_2O_3+FeO
玄武岩	45	14	11	12	10
辉绿岩	48 ～ 49	16 ～ 18	9.6 ～ 12	10	10 ～ 12

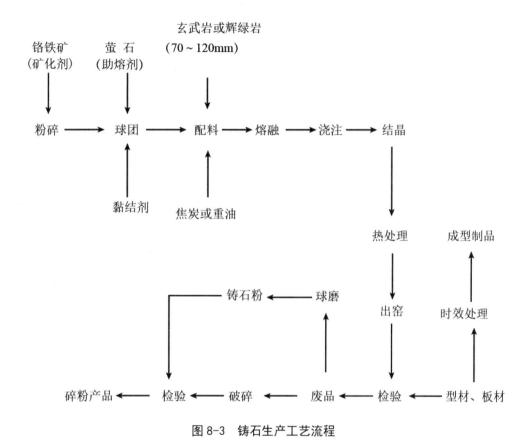

图 8-3 铸石生产工艺流程

原料熔融常采用水冷式冲天炉或池窑，为了使熔体充分熔融，保持适当的流动性，一般将冲天炉或池窑的炉温控制在 1350 ~ 1500℃，浇注温度一般控制在 1300℃左右。流程中，结晶工序是晶体的形成过程，是铸石晶体内部结构形成的关键步骤，决定铸石的质量。

（五）用于陶瓷生产

此处主要是指建筑的陶瓷生产。

1. 用于工业矿渣与废玻璃制备玻璃陶瓷材料

（1）矿渣为原料制备玻璃陶瓷材料。矿渣玻璃陶瓷的制备包括两个基本过程：首先制备矿渣玻璃及其制品，随后将制品热处理，使得玻璃晶化并转化变成玻璃陶瓷。到目前为止，已经成功地用于制造矿渣玻璃陶瓷的原料主要是冶金矿渣。

（2）废玻璃为原料制备陶瓷透水砖。利用陶瓷废料、废玻璃和黏土作为主要原料研制瓷质砖及透水性瓷砖，用于城市广场和城市道路的铺设，不仅能防止雨水汇集，还变废为宝，节约自然资源，减少固体废物堆存量。按照配方分别称量原料，进行配料；用压力机压制配好的物料，制备试样；经过压机作用，制得一定尺寸的瓷砖样板；将制备好的试样放入干燥箱中，120℃干燥，然后放入高温箱式电阻炉中烧结，制得产品。

2. 用于工业尾矿等研制新型环保陶瓷生态砖

环保陶瓷生态砖是最新开发的一种新型城市地面装饰材料，是当前的环保生态建材，它具有良好的透水、保水性，有利于调节城市地表温度和湿度，减少空气污染，降低热岛效应。由于生态砖特殊的多孔结构，还具有吸收噪声、减轻城市噪声污染的功能；其表面硬度高，抗压强度大，颜色多样，造型各异，用于人行道、绿荫道、公园地面、广场地面的铺设，对美化、保护整个城市的生态环境具有重要意义。

环保陶瓷生态砖以煤矸石、石墨尾矿、废瓷砖、垃圾焚烧灰等工业废物为主要原料研制而成。为减少工序、降低成本，将石墨尾矿直接利用，煤矸石粉碎至200目后利用，废玻璃水淬后细磨备用，垃圾焚烧灰直接利用。其制备工艺与普通砖瓦工艺相同，将一定颗粒级配的石墨尾矿与一定比例的煤矸石细粉、废玻璃、垃圾焚烧灰等混合均匀，加入15%～25%的水，真空炼泥，采用挤出成型挤出泥段，然后按照要求切成115mm×230mm×（50～80）mm的坯体，干燥后在燃气梭式窑中于1000～1200℃烧成，烧成后检测材料的抗压强度、抗折强度、透水系数、气孔率、抗冻性等性能。

（六）用于制作骨料

第一，轻骨料。煤矸石适合于烧制轻骨料，主要用的是炭质页岩和选煤厂产生的洗矸石，其中含碳量低于13%最佳。用煤矸石烧制骨料的方法有成球法和非成球法。成球法是将粉碎的煤矸石制成球状颗粒，再进行焙烧，经给料机送至回转窑，然后预热后烧制成产品；非成球法是将煤矸石破碎成粒径为5～10mm的颗粒，置于烧结机上，在1200℃高温下烧结，然后经冷却、破碎、筛分等工序，制成产品。粉煤灰也可以作为制备轻骨料的主要原料，加入一定量的胶结料和水，经成球、烧结而成的轻骨料为烧结粉煤灰陶粒，它是一种性能良好的人造轻骨料，其粉煤灰用量可达80%左右，可以配制300号混凝土。由于其有密度小、耐热度高、抗渗性好、耐冲击力强等优点，可替代天然渣石配制150～300号的混凝土，广泛地用于工业与民用建筑，制作各种混凝土构件，还可用于桥梁、窑炉和烟囱的砌筑。

第二，粗骨料。粗骨料一般是指粒径大于 5mm 的骨料，包括碎石和鹅卵石，把天然岩石或者矿业固体废物经破碎和筛分可得。

二、直接回收循环利用

工业固体废物仍存在直接或间接的使用价值，可以再生利用。大部分固体废物都富含有价组分，可以直接回收利用，或者通过物化转化技术手段提取其有价组分。例如，各种包装材料直接利用。废弃软包装饮料盒（利乐包）是一种不可降解铝塑纸复合包装材料，由 70% 的纸、20% 的聚乙烯（PE）和 5% 的铝等复合而成，其中纸为结构材料，塑料为防渗漏材料，铝箔为高阻隔材料。现有研究可将不可降解铝塑纸复合包装废料有效、彻底地分离，并充分利用分离出的材料，产出再生纸浆、再生聚乙烯、再生铝屑等宝贵的生产资料的技术，既保证产品有较高的质量，又能提高原材料的综合回收率，降低原材料的使用成本，同时实行清洁生产，减轻生产过程中的环保处理压力，有效防止二次污染。直接回收循环利用主要包括以下方面：

（一）进行分选

固体废物分选是实现固体废物资源化、减量化的重要手段。通过分选将有用的充分选出来加以利用，一种是将有害的充分分离出来；另一种是将不同粒度级别的废弃物加以分离。

分选的基本原理是利用物料的某些性质方面的差异，将其分选开。例如，利用废弃物中的磁性和非磁性差别进行分离，利用粒径尺寸差别进行分离，利用密度差别进行分离等。根据不同性质，可以设计制造各种机械对固体废弃物进行分选。分选包括筛分、重力分选、风力分选、浮选、电场分选、磁力分选等。

1. 进行筛分

"筛分是依据固体废物的粒径不同，利用筛子将物料中小于筛孔的细粒物料透过筛面，而大于筛孔的粗粒物料留在筛面上，完成粗、细物料的分离过程"[1]。筛分包括物料分层、细粒透筛两个过程。

---

① 杨春平，吕黎. 工业固体废物处理与处置 [M]. 郑州：河南科学技术出版社，2017：148.

2. 重力分选

重力分选简称重选，是根据固体废物中不同物质颗粒间的密度差异，在运动介质中受到重力、介质动力和机械力的作用，使颗粒群产生松散分层和迁移分离，从而得到不同密度产品的分选过程。

废弃物进行重力分选的条件：固体废物中颗粒间必须存在密度的差异；分选过程都是在运动介质中进行的；在重力、介质动力及机械力的综合作用下，使颗粒群松散并按密度分层；分好层的物料在运动介质流的推动下互相迁移，彼此分离，并获得不同密度的最终产品。

3. 风力分选

风力分选是重力分选的一种，是以空气为分选介质，在气流作用下使固体废物颗粒按密度和粒度进行分选的方法。其基本原理是气流能将较轻的物料向上带走或水平带向较远的地方，而重物料则由于上升气流不能支持它们而沉降，或由于惯性在水平方向抛出较近的距离，这就是"竖向气流分选"和"水平气流分选"。

4. 展开浮选

浮选是依据物料表面性质的差异在浮选剂的作用下，借助于气泡的浮力，从物料的悬浮液中分选物料的过程。浮选法分离与物质的密度无关，而取决于物质的表面性质。能浮出液面的物质对空气的表面亲和力比对水的表面亲和力大。颗粒能否附着在气泡上，关键在于能否最大限度地提高颗粒的表面疏水性。因此，在浮选法中首先就是考虑加入合适的浮选剂，增加物质的可浮性能。

5. 电场分选

电场分选是在高压电场中利用入选物料之间电性差异进行分选的方法。一般物质大致可分为电的良导体、半导体和非导体，它们在高压电场中有着不同的运动轨迹。利用物质的这一特性即可将不同物质分离。电场分选对于塑料、橡胶、纤维、废纸、合成皮革、树脂等与某种物料的分离，各种导体和绝缘体的分离，工厂废料如旧型砂、磨削废料、高炉石墨、煤渣和粉煤灰等的回收，都十分简便、有效。

6. 磁力分选

磁力分选有两种类型：一类是通常意义上的磁选；另一类是近期发展起

来的磁流体分选。磁选是利用固体废物中各种物质的磁性差异在不均匀磁场中进行分选。固体废物按其磁性大小可分为强磁性、弱磁性、非磁性等不同组分，主要用于在供料中磁性杂质的提纯、净化以及磁性物料的精选；磁流体分选是一种重力分选和磁力分选联合作用的分选过程。磁流体是指某种能够在磁场或磁场与电场的联合作用下磁化，呈现似加重现象，对颗粒产生磁浮力作用的稳定分散液。物料在类似加重介质的介质中按密度差异分离，与重力分选相似；在磁场中按物料磁性差异分离，与磁选相似，因此可以将磁性和非磁性物料分离，亦可以将非磁性物料按密度差异分离。

磁力分选法在固体废物的处理和利用中占有特殊的地位，它不仅可分选各种工业废液，还可从城市垃圾中分选铝、铜、锌、铅等金属。例如，拜耳法赤泥回收铁技术，就是利用分选技术中的磁力分选的原理进行有价组分直接回收利用，该技术采用强磁选铁回收技术，从赤泥中回收铁。通过一条试验线，使用两台串级磁选机直接对氧化铝生产过程物料——洗涤赤泥浆中的铁进行选别、富集，使回收的铁精矿品位达 55% 甚至更高，作为钢铁冶炼工业的原料。其磁选工艺用水采用生产赤泥洗水，磁选尾矿浆返回生产赤泥洗涤系统，不需要额外增加新水消耗。

（二）制填充料

在工业生产中，特别是在化工生产中会产生各种工业废渣，由于处理工艺以及成本等原因，大都采取堆放、掩埋或者排入江河湖海等方式进行处理，既污染环境又占用了耕地，被利用的工业固体废物，也大都用来制成各种建筑材料。除了制成建材以外，工业固体废物还可以用来制造填充料。

1. 用化工厂白泥制造填充料

白泥是指苛化工艺生产中排出的废渣，其主要成分是碳酸钙。以造纸行业中的白泥排放量而言，每产 1t 纸要排放出 1～1.5t 的白泥。在造纸行业中，以木浆为原料的造纸厂所排放的白泥可以重新煅烧成石灰再循环使用。开发白泥用于塑料填充，可以有效地保护环境；同时可以代替轻质碳酸钙，不仅可以达到相似的填充效果，且加工过程仅需烘干和筛分，售价又可降低到轻质碳酸钙的一半左右。这些对降低塑料制品原材料的成本十分有利。

用白泥代替轻质碳酸钙在聚乙烯发泡片材和聚氯乙烯人造革、鞋底及管材等制品中应用的实践证明，在不改变原制品配方和工艺的情况下进行，其填充塑料制品的物理力学性能均可达到相应的国家标准或行业标准的要求，与轻质碳酸钙填充的塑料制品无显著差别。

2. 利用热电厂粉煤灰制造填充料

我国有很多火力发电厂，粉煤灰是火力发电厂排放的一大固体废物，给环境造成了严重的污染，引起了人们的高度重视，人们纷纷投入力量加强开发研究。由于煤在燃烧过程中的不燃物在高温下熔融，再在冷却过程中形成球状，使热电厂排出的粉煤灰中含有大量的球形微粒，这些球形微粒遇冷时球心部分急剧收缩而形成真空，其化学构成类似玻璃，在显微镜下呈现绚丽色彩的球形微粒，且几乎都是空心的，并且各地煤炭的成分以及火力发电厂燃煤的设备和工况条件不同，粉煤灰中所含球形微粒的比例、颜色以及中空球形微粒的粒径和壁厚均有显著差别。从理论上说，球形微粒对塑料的黏度和流动性影响最小，也不存在其他非球形微粒容易造成的应力集中等现象，从而在成型加工时对诸如冲击强度等性能的变化影响较小，因此最适于作为树脂的填充料。

3. 用化工厂与冶炼厂红泥制造填充料

红泥也称为赤泥，是某些化工厂、冶炼厂排放的废渣。在炼铝厂中以高品位铝土矿为原料，采用湿法生产氧化铝时排出的废渣称为拜耳法红泥；以低品位铝土矿为原料，采用干法生产氧化铝时排出的废渣称为烧结法红泥；以品位介于两者之间的中品位铝土矿为原料，先用拜耳法生产氧化铝，将生产出的红泥再用烧结法生产氧化铝，再排出的废渣称为联合法红泥。拜耳法生产氧化铝排出的红泥粒度细、质地软，作为塑料填充料使用相当适合。最早在20世纪80年代，上海吴泾化工厂的红泥也曾被开发成填充料，制造暗红色的塑料板，并被加工成成套家具在科技展览中展示。

三、提取有价值的材料

目前，我国的矿物资源利用率较低，既污染环境，又浪费大量宝贵资源。因此，在加强技术改造，减少固体废物产生的同时，应该注重提取固体废物中的有价成分，如从尾矿和废金属渣中回收金属元素。例如，南京矿务局等单位就利用含铝量高、含铁量低的煤矸石制作铝铵矾、三氧化二铝、聚合铝、二氧化硅等产品，从剩余滤液中提取钼、镓、铀、钒、锗等稀有金属。常用的提取方法有化学浸出法。

化学浸出技术主要用于回收利用成分复杂、嵌布力度微细且成分含量低的矿业、化工和冶金废物中的有价组分，使其溶解于溶液中，进行分离回收。采用适当的溶剂与废物作用使物料中有关的组分有选择性地溶解的物理化学过程即为浸出。所用的药剂即为浸出剂。浸出剂种类多，大体可以分为酸浸、碱浸、盐浸、水浸等。在选择浸出剂时，应遵循以下选择原则：对目的组分选择性好；浸出率高，速率大；成本低，溶液易制取，便于回收和循环使用；对设备腐蚀性小。

浸出大体上要经历四个阶段：①外扩散，溶剂分子向颗粒表面和孔隙扩散至反应带；②化学反应，溶剂达到反应带后与颗粒中的某些成分发生反应生成可溶性化合物；③解吸，可溶性化合物在颗粒表面解吸，包括颗粒内部孔隙的可溶性化合物的解吸；④反扩散，可溶性化合物在固体表面解吸后，向液相扩散，浓度差是主要的推动力。经历以上四个过程后，固体废物中的有价组分不断进入液相，最后进行固液分离，就可以使有价目的组分得到回收利用。整个过程主要取决于溶剂向反应区的迁移和界面上的化学反应。

浸出过程是一个复杂的溶解过程，可分为物理溶解过程和化学溶解过程。浸出过程机制如图8-4所示。

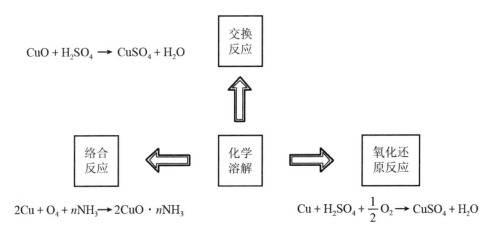

$$CuO + H_2SO_4 \longrightarrow CuSO_4 + H_2O$$

交换反应

络合反应

化学溶解

氧化还原反应

$$2Cu + O_4 + nNH_3 \longrightarrow 2CuO \cdot nNH_3$$

$$Cu + H_2SO_4 + \frac{1}{2}O_2 \longrightarrow CuSO_4 + H_2O$$

图8-4　浸出过程机制

需要强调的是，物理溶解过程是指溶质在溶剂作用下仅发生晶格破坏，它不破坏离子或原子间化学键，是一种可逆过程，溶质可以从溶液中结晶出来。化学溶解过程是指溶剂与物料的相关组分之间发生化学反应生成可溶性化合物进入液相的过程，是一种不可逆过程，主要有交换反应、氧化还原反应、络合反应等。

另外，影响浸出的主要因素包括：①浸出温度，大部分浸出化学反应和扩散速率随温度升高而加快，温度升高的程度受到溶剂沸点和技术经济条件的限制；②浸出压力，浸出速率随着压力增加而加快；③物料粒度及特性（粒度、固液比等），粒度细、比表面积大、结构疏松、组成简单、裂隙和孔隙发达、亲水性强的物料浸出率高；④浸出剂浓度，浸出剂的浓度越大，固体的溶解速率和溶解程度都增加，但是过高的浓度，不仅不经济，杂质进入溶液的量也增多，设备腐蚀程度也增大，因此适宜的浓度需通过实验确定。

四、使用再生利用方式

（一）氯化技术

我们可以使用氯化法生产炼铁球团及回收有色金属。氯化焙烧着重回收有色金属，分中温、高温两种。高温氯化焙烧是将含有色金属的矿渣与氯化剂（氯化钙）等均匀混合，造球、干燥并在回转窑或立窑内经 1150℃焙烧，使有色金属以氯化物挥发后经过分离处理回收，同时获得优质球团供高炉炼铁。中温氯化法是将硫铁矿渣、硫铁矿与食盐混合，使混合料含硫 6%～7%，食盐 4% 左右，然后投入沸腾炉内在 600～650℃温度下进行氯化、硫酸化焙烧，使矿渣中的有色金属由不溶物转为可溶的氯化物或硫酸盐，浸出物可回收有色金属和芒硝，此法对硫铁矿中钴的回收较高，可专门处理钴硫精矿经焙烧硫后产出的硫铁矿渣，且工艺简单，燃料消耗低，无须特殊设备。缺点是工艺流程长，设备庞大，对于粉状的浸出渣还需要烧结后才能入高炉炼铁。

对于有色金属含量较高的黄铁矿生产硫酸后的废渣，一般先进行硫酸盐－氯化焙烧，有色金属生成相应的硫酸盐、氯化物；再用酸浸出，过滤，滤液用铁或铜置换分离出金、银、铜，再真空结晶使硫酸钠析出，溶液用石灰乳沉淀得氢氧化锌，煅烧可得氧化锌。

氯化法与氰化提金法联合使用，可直接处理含碳银金矿。金银在有氧存在的氰化溶液中反应生成 $[AuCl_4]^-$ 进入溶液，经液固分离后用锌置换，再经冶炼得到成品金银。

（二）热转化技术

固体废物热转化技术主要包括热解和焚烧。热解是指在缺氧条件下，使可燃性固体废物在高温下分解，最终成为可燃气、油、固形炭等形式的吸热过程，产物主要是可燃的低分子化合物：气态的有氢、甲烷、一氧化碳，液态的有甲醇、丙酮、醋酸、乙醛等有机物及焦油、溶剂油等，固态的主要是焦炭或炭黑。焚烧是放热的，产物主要是二氧化碳和水。焚烧产生的热能，量大的可用于发电，量小的只可供加热水或产生蒸汽，就近利用。固体废物中所蕴藏的热量以上述物质的形式贮留起来，成为便于贮藏、运输的有价值的燃料。

热解与充分供氧、废物完全燃烧的焚烧过程是有本质区别的。燃烧是放热反应，而热解是吸热过程，焚烧的结果产生大量的废气和部分废渣，环保问题严重。除显热利用外，无其他利用方式。而热解产物是燃料油及燃料气，可有多种方式回收利用，同时还便于贮藏及远距离输送。固体废物———→（ H_2、CH_4、CO、CO_2 ）气体 +（有机酸、芳烃、焦油）有机液体 + 炭黑 + 炉渣。例如，纤维素代表液态的油品。在利用固体废物热解制造燃料时，由于固体废物的类型、热解温度和加热时间不同，生成的燃料可以是气体、油状液体，也可以是二者兼有。如果被热解处理的固体废物中塑料和橡胶的含量较大，则回收的液态油占总装料量的百分比就要高于一般垃圾。除此之外，固体废物热解产物的产率也与温度有关，分解温度越高产气越多，分解温度低则油的产率高。城市固体废物（污泥）和工业废物（塑料、树脂、橡胶），以及农业废料、人畜粪便等具有潜在能量的各种固体废物都可以采用热解方法，从中回收燃料。

焚烧热回收利用与热解燃料化处理是固体废物能利用的途径。焚烧热回收是一种直接利用法，可用来生产蒸汽和发电，已达到工业规模程度。热解燃料化利用法是一种间接回收利用法，它把固体废物能转变为可以贮存和输送的燃料形式，如沼气、燃油和燃气。其能源回收性好，环境污染小，这也是热解处理技术最优越、最有意义之处。

（三）生物处理技术

固体废物的生物处理技术是指利用微生物将固体废物分解、矿化或氧化的过程。微生物可以将大量的没有利用价值的固体废物经各种工艺，通过各种作用转化成有用的物质和能源。例如，提取有价值的金属成分，生产废料

与沼气，产糖与微生物蛋白等，在工业固体废物处理及资源化进程中具有重
要意义。

1. 生物冶金技术

微生物通过代谢作用氧化、浸出废物中的有价组分，使之得以利用的过程，
称为生物冶金，也是浸出的一种。目前，微生物浸出被用于矿业中铜、金、
钴、铀、锌、铂、钛、锰等有价金属的回收，尤其是铜与金应用得广泛。生
物冶金中的微生物种类丰富，主要的浸出细菌及其生理特征见表8-3。

表8-3 浸出细菌及其生理特征

细菌的名称	生理特征
氧化铁硫杆菌	$Fe^{2+} \rightarrow Fe^{3+}$，$S_2O_3^{2-} \rightarrow SO_4^{2-}$
氧化铁杆菌	$Fe^{2+} \rightarrow Fe^{3+}$
氧化硫铁杆菌	$S \rightarrow SO_4^{2-}$，$Fe^{2+} \rightarrow Fe^{3+}$
氧化硫杆菌	$S \rightarrow SO_4^{2-}$，$S_2O_3^{2-} \rightarrow SO_4^{2-}$
聚生硫杆菌，	$S \rightarrow SO_4^{2-}$，$H_2S \rightarrow SO_4^{2-}$

大部分生物冶金细菌为自养型微生物，能通过氧化各种硫化矿获得能量，
无须外加能源物质，可以仅以氧化铁、硫时释放的化学能以及大气中的二氧
化碳作为能源进行代谢活动，而这些微生物的代谢产物可以充当生物催化剂
的作用，迅速在酸性介质中将Fe^{2+}氧化成Fe^{3+}，速度为自然氧化的120倍左右，
同时产生SO_4^{2-}，从而得到含硫酸和酸性硫酸高铁的浸出剂，更好地浸出有价
矿物元素。

生物冶金的浸出方法主要包括槽浸、堆浸和原位浸出。槽浸一般适用于
高品位贵金属的浸出，在酸性条件下，将细菌和废物在反应槽中混合，通过
机械搅拌通气或气升搅拌浸出回收金属。堆浸法就是将金属含量低的固体废
物堆积在倾斜且不渗漏的水泥沥青基础盘床上，然后不断喷洒细菌酸性浸出
剂，浸出回收有价金属。原位浸出法就是利用矿区地面裂缝，将浸出剂注入
原矿床进行金属回收。此外，生物冶金技术还被应用于：菌体直接吸附贵重
金属，煤的微生物脱硫，非矿业用微生物脱除金属等。

2. 生物转化技术

微生物同所有生物一样，在生命活动过程中从周围环境吸取营养物质，经过代谢转化作用，将有机固体废物转化分解。

生物转化原理即在有机固体废物中存在的有机物主要有纤维素、碳水化合物、脂肪和蛋白质等，这些复杂的有机物在不同的条件下有不同的分解产物。在好氧环境中的完全降解产物是简单的无机化合物，如 CO_2、H_2O、NH_3、PO_4^-、SO_2^- 等，在厌氧环境中的降解产物主要包括各种有机酸、醇以及少量 CO_2、NH_3、H_2S、H_2 等。

（1）纤维素的生物转化。纤维素是葡萄糖的高分子聚合物，每个纤维素分子含 1400 ～ 10000 个葡萄糖基，分子式为（$C_6H_{10}O_5$）$_{1400～10000}$。棉纤维中约含 90% 纤维素，树木、竹子、麦秆、稻草、城市垃圾等均含有大量纤维素。因此，纤维素是有机固体废物中的重要成分。

（2）半纤维素的生物降解。半纤维素存在植物细胞壁中，其在植物组织中的含量很高，仅次于纤维素，占一年生草本植物残体重量的 25% ～ 40%，占木材的 25% ～ 35%。半纤维素由聚戊糖（木糖和阿拉伯糖）、聚己糖（半乳糖甘露糖）及聚糖醛酸（葡萄糖醛酸和半乳糖醛酸）等组成。但有的半纤维素仅由一种单糖组成，如木聚糖、半乳糖，有的由一种以上的单糖或糖醛酸组成。半纤维素被微生物分解的速度比纤维素快。

（3）果胶质的生物降解。果胶质是天然的水不溶性物质，它是高等植物细胞间质的主要成分，主要由 D- 半乳糖醛酸通过 a-1，4- 糖苷键连接而成的直链高分子化合物，其中大部分羧基已形成甲基酯，而不含甲基酯的称为果胶酸。果胶质的降解产物是甲醇和糖醛酸，果胶、聚戊糖、半乳糖醛酸等在好氧条件下被分解为 CO_2 和 H_2O，在厌氧条件下进行丁酸发酵，生成丁酸、乙酸、醇类、CO_2 和 H_2。

（4）淀粉的生物降解。淀粉广泛存在于植物种子（稻、麦、玉米）和果实中，凡是以上述物质作原料所得的固体废物均含有淀粉。淀粉是多糖，分子式为（$C_6H_{10}O_5$）$_{1200}$，它是许多异养微生物的重要能源和碳源，是一种易被生物降解的有机污染物。

（5）脂肪类物质的生物降解。脂肪类物质是易降解的有机物。动、植物体内的脂类物主要有脂肪、类脂质和蜡质等。在微生物胞外酶、脂肪酶的作用下，脂肪类物质首先被水解为甘油（丙三醇）和脂肪酸。

（6）蛋白质的生物降解。蛋白质是一种含氮有机物，由多种氨基酸组合而成，是生物体的一种主要组成物质及营养物质。蛋白质的降解主要包括两大阶段：第一阶段，胞外水解阶段，蛋白质在蛋白酶的催化下逐步分解成氨基酸；第二阶段，胞内分解阶段。

（7）木质素的生物降解。木质素是一种高分子的芳香族聚合物，大量存在于植物木质化组织的细胞壁中，填充在纤维素的间隙内，有增强机械强度的功能。木质素是植物残体中最难分解的组分，一般先由木质素降解菌把它降解成芳香族化合物，然后再由多种微生物继续进行分解。

3. 微生物浮选技术

生物冶金技术对低品位含硫尾矿和废石中有价金属的回收已经有了长足发展，因为微生物对含硫废物有很强的氧化溶浸能力，对于与氧紧密结合的非硫固体废物的氧化溶浸能力很弱。因此，非硫固体废物或废石可以以微生物作为浮选药剂对废物中的有价金属进行浮选分离回收。

微生物浮选是经过充分搅拌，使得细菌与矿物表面发生生物吸附或是代谢产物吸附，改变矿物表面亲水性，并与浮选工艺相结合，用于处理各种难选矿物的一种选择性分离浮选方法。

微生物及其代谢产物中，含有的烃链等非极性基团和羧基、羟基、磷酸基团等极性基团，致使这些微生物菌液类似于表面活性剂，这些物质处理具备与浮选药剂类似的优异性能，如电性和疏水性，还具有生长繁殖和吸附生长等优异性能，可以通过生物积累、生物吸附、生物吸收的方式，直接或间接地和矿物发生作用，使其疏水或亲水，絮凝或分散。目前，研究应用较多的矿物主要有赤铁矿、黄铁矿、闪锌矿、方铅矿、方解石、锡石、石英等。微生物浮选剂包括有捕收剂和调整剂。

（1）微生物捕收剂。微生物捕收剂首先需要具备捕收剂的特点：由极性基（亲固基）和非极性基（疏水基）组成，要求接触角为65°～85°。现应用较多的有草分枝杆菌（M.phlei）、多黏芽孢杆菌（PP）、不透明红球菌（R.Opacus）等。例如，一种革兰氏阳性菌M.phlei具有较高的电负性和疏水性（接触角65°～70°），其细胞壁成分里有大量非极性碳氢键，类似于脂肪酸类捕收剂，因其具有脂肪酸类捕收剂的性能，可吸附于细粒赤铁矿表面，作为赤铁矿的捕收剂。

此外，不仅微生物自身，其代谢产物也可以作为浮选药剂。其代谢物中的脂肪对氟石具有高选择性，现有研究用微生物脂肪从伴生矿物（方解石、石英、重晶石）中分离出氟石。另有 PP 菌作为捕收剂，其代谢产物胞外蛋白质（EBP）成分可以改变石英和高岭石表面性质，增加其可浮性。

（2）生物调整剂：

第一，抑制剂。常用菌种有氧化铁硫杆菌（T.f 菌）、氧化硫硫杆菌（T.t 菌）和红假单胞菌（RhodoPseudomonas）、硫酸盐还原菌（SRB）、诺卡氏菌（No-cardia）、黑曲霉（Aspergillusniger）、枯草杆菌（B.subtilis）、酵母菌等。T.f 菌和 T.t 菌多用于生物浸矿，但其在生物浮选中也可用作生物调整剂，起抑制作用。如在方铅矿－闪锌矿浮选体系中，T.f 菌和 T.t 菌都可以选择性地抑制方铅矿。但两者作用机制不同：T.f 菌是强氧化菌群，通过氧化作用，使矿物表面亲水，不可溶的硫酸铅吸附于矿物表面，而被强烈抑制；T.t 菌是选择性地吸附于方铅矿上，一定 pH 值条件下可几乎完全抑制方铅矿，从而优先浮选闪锌矿。此外，微生物抑制剂很重要的一个应用，是 T.f 菌在煤的生物脱硫技术中的作用，T.f 菌可以选择性地吸附于黄铁矿上，改变其表面性质，使其亲水性增强，从而达到脱硫效果，说明 T.f 菌可以取代毒性氰化钠成为黄铁矿的有效抑制剂。

第二，絮凝剂。用微生物作絮凝剂具有用量少且絮凝效果好的优点。常用菌群有草分枝杆菌、多黏菌属、酵母菌等。微生物絮凝剂主要是通过桥键作用将微细颗粒连接成一种松散的、网络状的聚集状态。若吸附于颗粒表面的微生物同时具有疏水性，则它对颗粒还有疏水作用力。例如，草分枝杆菌就是一种能使微细颗粒形成疏水絮团的微生物，这种微生物表面负电性高、疏水性强。酵母菌和它的代谢产物可以絮凝赤铁矿、方解石和高岭土，并且通过 pH 值的控制，可以调节絮凝效果达到最佳。例如，在方解石－石英体系中，通过酵母菌和其代谢产物与矿物的相互作用，可提高石英疏水性，增加方解石亲水性，选择性地絮凝方解石。

（四）制浆造纸技术

乙烯碱渣中含大量残余的 NaOH，并且碱洗过程中生成了 Na_2S、$NaHS$、Na_2CO 等弱酸盐及少量硫醇和中性油；硫离子在生化曝气池中被氧化为硫代硫酸盐或硫酸盐，消耗大量的溶解氧，导致活性污泥缺氧，中毒沉降而流失，所以不宜采用生化处理。而漂白碱法硫酸盐法制浆工艺将 NaOH、Na_2S 混合，利用 NaOH 和 Na_2S 溶解纤维原料中的木质素，提高蒸煮制浆效率，此法所用蒸煮液的有效成分与乙烯碱渣相近，可将乙烯碱渣配制成蒸煮液用于制浆生产。

利用乙烯碱渣制浆生产的纸张质量可达到甚至超过原蒸煮液制浆得到的纸张质量。此工艺法不仅变废为宝，减少了造纸厂 NaOH、Na_2S 的消耗，且制浆废水经处理可实现达标排放且排污量没有增加，社会效益、环境效益、经济效益显著。

（五）制备活性炭技术

制备活性炭技术涉及循环流化床锅炉产生的粉煤灰（CFB 粉煤灰）的绿色处理，采用摩擦电选和高浓度湿法浮选脱炭新技术，提取其中的炭，制备活性炭。制备活性炭技术基本原理为：粉煤灰中未燃尽的炭具有与活性炭分子相同的结构，并且粉煤灰也具有很强的吸附能力，因此采用脱炭新技术从 CFB 粉煤灰提取炭粉作原料，经过联合炭化、活化工艺，可生产出煤质活性炭。工艺流程如图 8-5 所示。

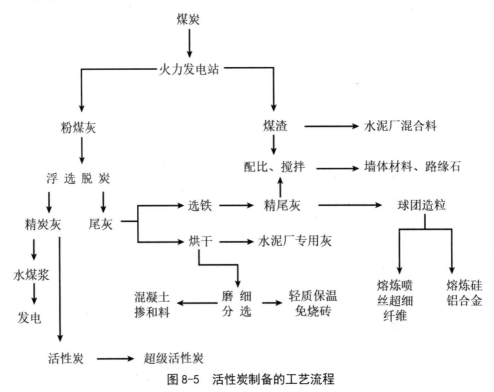

图 8-5　活性炭制备的工艺流程

第二节 工业固体废物资源化利用的发展方向

"固体废物的产生种类和数量与一个国家或一个地区的工业发展方向和工业生产水平以及工业经济的结构、工艺水平、产品产量等具有密切的相关性，有一定的规律可循"[①]。当前，工业固体废物综合处理与资源化利用作为国家发展循环经济的重要内容，对于支撑引领工业领域节能减排、培育节能环保战略新兴产业，具有重大意义。工业固体废物资源化利用的发展重点在于：以实现工业固体废物规模化消纳和资源化利用为目标，以排放量大、堆存量大、污染严重的大宗工业固体废物为切入点，优先选择能源、冶金、化工、轻工等重点行业突出的固体废物污染问题，重点研发煤基固体废物、典型多金属渣泥、工业石膏与盐化工钙基废弃物、制革酿造轻工固体废物等无害化及其资源化。

当前，推动我国大宗固体废物资源的综合利用刻不容缓，这需要大量的技术上的支持，其技术发展主要表现在以下方面：一是粉煤灰制造提取活性炭技术；二是泵送煤矸石填充技术；三是纯脱硫石膏制造纸面石膏板技术；四是煤矸石膏体自流填充技术；五是高铝粉煤灰制取氧化铝并产活性硅酸钙技术；六是废弃油脂制取生物柴油技术；七是从赤泥中回收铁技术；八是工业废渣制备陶瓷坯料技术等。

针对工业废物排放量大、利用率低、分布行业相对集中、有价值的伴生组分多、含有毒组分及放射性危险废物少等特点，需采用不同的物理、化学或生物技术，有计划、有步骤地开展有价物质的回收和综合利用。今后我国对其资源化利用的发展方向主要为以下方面：

第一，深入推广分散回收、集中处理的综合利用模式。回收或利用工业废物中的有用组分，开发新产品，取代某些工业原料。例如，煤矸石沸腾炉发电，洗矸泥炼焦、作工业或民用燃料，钢渣用作冶炼熔剂，硫铁矿可以烧渣炼铁、制赤泥塑料，以及用来开发新型聚合物基、陶瓷基与金属基的废弃物复合材料，从烟尘和赤泥中提取镓、铟、锗；等等。

[①] 王琪. 工业固体废物处理及回收利用 [M]. 北京：中国环境科学出版社，2006：27.

第二，开发建材、筑路、筑坝和回填等能大量消纳工业废物，且投资少、见效快、能耗低的实用技术。例如，将硫铁矿渣用作水泥原料与配料、掺和料、缓凝剂、混凝土的混合料与骨料、加气混凝土、砂浆、砌块、装饰材料、保温材料、矿渣棉、轻质骨料、铸石、微晶玻璃等；用铬渣制造建筑材料、水泥掺和料、钙镁磷肥、玻璃着色剂、钙镁粉等；用可燃性废物生产水泥；用高炉渣制水泥混凝土、矿渣砖，修筑道路；用钢渣作为筑路材料、回填材料，生产钢渣水泥；等等。

第三，因地制宜，在废物产生地增加后续综合利用工序，低耗高效地对废物开展综合利用。例如，可通过不同工艺将大量的粉煤灰、煤渣等开发制作水泥、烧结砖、蒸养砖、混凝土、墙体材料等建材；对废橡胶可采用物理和化学处理方法制作成再生橡胶，或通过高温热解方法生产液态油和炭黑；开发煤矸石代替燃料，回收热能；利用电镀污泥回收重金属；等等。

第四，生产农肥和土壤改良。许多工业固体废物含有较高的硅、钙以及各种微量元素，有些还含磷和其他有用组分，可作为农业肥料使用。例如，利用粉煤灰、炉渣、钢渣、黄磷渣和赤泥及铁合金渣等制作硅钙肥，用铬渣制造钙镁磷肥等，施于农田均具有较好的肥效，不但可提供农作物所需的营养元素，改良土壤，使作物增产，同时还有改善植物吸收磷的能力；有的固体废物可作为石灰的补充来源，但必须注意的是，要严格检验这些固体废物是否有毒；施用废渣要因地制宜，避免农田板结；等等。

参考文献

[1] 陈瑛，胡楠，滕婧杰，等 . 我国工业固体废物资源化战略研究 [J]. 中国工程科学，2017，19（4）：109−114.

[2] 陈瑛，凌江，温雪峰 . 一般工业固体废物污染防治对策研究 [J]. 环境保护，2016，44（1）：31−33.

[3] 崔悦，徐鹤，吴婧 . 大宗工业固体废物综合利用产业发展模式更迭与创新研析 [J]. 环境保护，2022，50（20）：31−36.

[4] 邓琪，王琪，黄启飞，等 . 工业固体废物资源化优选模型研究 [J]. 金属矿山，2010（5）：171−174.

[5] 董发勤，徐龙华，彭同江，等 . 工业固体废物资源循环利用矿物学 [J]. 地学前缘，2014，21（5）：302−312.

[6] 董鹏，张英杰，孙鑫 . 典型大宗工业固体废物环境风险评价体系研究 [J]. 昆明理工大学学报（自然科学版），2016，41（2）：110−118.

[7] 耿涌，韩昊男，任婉侠 . 基于数据包络分析模型的工业固体废物管理效率评价 [J]. 生态经济，2011（4）：29−33，38.

[8] 顾雨，徐广军，夏训峰，等 . 基于最优组合预测模型的中国工业固体废物产生量预测 [J]. 环境污染与防治，2010，32（5）：89−91，109.

[9] 胡桂渊 . 冶金行业固体废物的回收与再利用 [M]. 西安：西北工业大学出版社，2020.

[10] 黄赳 . 现代工矿业固体废弃物资源化再生与利用技术 [M]. 徐州：中国矿业大学出版社，2017.

[11] 黄文博，李金惠，曾现来 . 固体废物无害化精准定量评估及科学启示：以典型工业废物为例 [J]. 科学通报，2022，67（7）：685−696.

[12] 李金惠，张上，孙乾予 . 我国工业固体废物处理利用产业状况分析与

展望 [J]. 环境保护，2021，49（2）：14-18.

[13] 李燚，徐喆，吕晋芳，等. 工业固体废物同步吸附废水中砷和氟的机理及研究概况 [J]. 应用化工，2023，52（5）：1486-1490.

[14] 罗庆明，侯琼，张宏伟，等. 工业固体废物产生者连带责任辨析及其适用 [J]. 中国环境监测，2020，36（6）：19-22.

[15] 马英，杜建伟，郑娟，等. 再生铝工业固体废物成分组成与污染特性研究 [J]. 轻金属，2017（10）：58-62.

[16] 宋小龙，徐成，杨建新，等. 工业固体废物生命周期管理方法及案例分析 [J]. 中国环境科学，2011，31（6）：1051-1056.

[17] 孙凡淇. 工业固体废物在水泥生产中的规范化应用 [J]. 水泥，2016（3）：12-14.

[18] 孙向运. 建材工业利用废弃物技术标准体系 [M]. 北京：中国建材工业出版社，2010.

[19] 唐艳，刑竹，支金虎. 固体废物处理与处置 [M]. 北京：中央民族大学出版社，2018.

[20] 王琪. 工业固体废物处理及回收利用 [M]. 北京：中国环境科学出版社，2006.

[21] 王小彬，闫湘，李秀英. 工业固体废物电石渣农用的环境安全风险 [J]. 中国土壤与肥料，2019（4）：1-8，95.

[22] 王兆龙，姚沛帆，张西华，等. 典型大宗工业固体废物产生现状分析及产生量预测 [J]. 环境工程学报，2022，16（3）：746-751.

[23] 武鸽，刘艳芳，崔龙鹏，等. 典型工业固体废物碳酸化反应性能的比较 [J]. 石油学报（石油加工），2020，36（1）：169-178.

[24] 谢志峰. 固体废物处理及利用 [M]. 北京：中央广播电视大学出版社，2014.

[25] 徐淑民，陈瑛，滕婧杰，等. 中国一般工业固体废物产生、处理及监管对策与建议 [J]. 环境工程，2019，37（1）：138-141.

[26] 杨春平，吕黎. 工业固体废物处理与处置 [M]. 郑州：河南科学技术出版社，2017.

[27] 姚婷，曹霞，吴朝阳. 一般工业固体废物治理及资源化利用研究 [J]. 经济问题，2019（9）：53-61.

[28] 姚婷，曹霞. 中国工业固体废物的规制理路与完善路径——以 1985-

2020年政策法律为量化分析样本 [J].干旱区资源与环境，2021，35（12）：9-14.

[29] 姚芝茂，徐成，赵丽娜.铅冶炼工业综合固体废物管理研究 [J].中国有色冶金，2010，39（3）：40-45.

[30] 臧文超，王芳.坚持绿色发展，推进工业固体废物管理与利用处置 [J].环境保护，2018，46（16）：11-16.

[31] 张冰洁，宋鑫，王恒广，等.基于"无废城市"建设的工业固体废物管理新策略 [J].环境工程学报，2022，16（3）：732-737.

[32] 张鸿波.固体废弃物处理 [M].长春：吉林大学出版社，2013.